学术引领系列

国家出版基金项目
NATIONAL PUBLICATION FOUNDATION

国家科学思想库

"十二五"国家重点图书出版规划项目

中国学科发展战略

载人深空探测

中国科学院

科学出版社
北京

内 容 简 介

本书系统地梳理了载人深空探测的发展历程，明确了载人深空探测的内涵，对载人深空探测的发展趋势进行了前瞻性研究；同时面向我国载人深空探测领域发展的长远战略需求，系统地分析了实施载人深空探测所面临的四个方面的关键科学和技术问题，提炼了应优先发展的学科领域及重点研究方向，并提出了相应的政策和建议。

本书适合高层次的战略和管理专家，相关领域的高等院校师生、研究机构的研究人员阅读，是科技工作者洞悉学科发展规律、把握前沿领域和重点方向的重要指南，也是科技管理部门重要的决策参考，同时也是社会公众了解载人深空探测学科发展现状及趋势的权威读本。

图书在版编目（CIP）数据

载人深空探测/中国科学院编. —北京：科学出版社，2016.11
（中国学科发展战略）
ISBN 978-7-03-050109-7

Ⅰ. ①载… Ⅱ. ①中… Ⅲ. ①载人航天器-空间探测器-学科发展-发展战略-中国 Ⅳ. ①V476.2-12

中国版本图书馆 CIP 数据核字（2016）第 235600 号

丛书策划：侯俊琳　牛　玲
责任编辑：侯俊琳　田慧莹　崔慧娴 / 责任校对：张怡君
责任印制：赵　博 / 封面设计：黄华斌　陈　敬

科学出版社 出版
北京东黄城根北街 16 号
邮政编码：100717
http://www.sciencep.com

北京市金木堂数码科技有限公司印刷
科学出版社发行　各地新华书店经销
*
2016 年 11 月第 一 版　开本：720×1000 1/16
2025 年 3 月第五次印刷　印张：15 1/2
字数：271 000

定价：118.00 元

（如有印装质量问题，我社负责调换）

中国学科发展战略

指 导 组

组　长：白春礼

副组长：李静海　秦大河

成　员：王恩哥　朱道本　傅伯杰

陈宜瑜　李树深　杨　卫

工 作 组

组　长：李　婷

副组长：王敬泽

成　员：钱莹洁　马新勇　薛　淮

冯　霞　林宏侠　王振宇

赵剑峰

中国学科发展战略·载人深空探测

工 作 组

组 长：叶培建

成 员：果琳丽 张志贤 田 林 王 平
李志杰 齐 玢 保 石 张海联
彭祺擘 尚海滨 徐 瑞 陈金盾
李 桢 关亚风 刘 振 张泽旭
黄铁球 姚 娜 吕晓辰 赵 欣
陈百超 党兆龙 姜海富 张 斌
吴世臣 李春红 王 硕 李 民

总　序

九层之台，起于累土[①]

白春礼

近代科学诞生以来，科学的光辉引领和促进了人类文明的进步，在人类不断深化对自然和社会认识的过程中，形成了以学科为重要标志的、丰富的科学知识体系。学科不但是科学知识的基本的单元，同时也是科学活动的基本单元：每一学科都有其特定的问题域、研究方法、学术传统乃至学术共同体，都有其独特的历史发展轨迹；学科内和学科间的思想互动，为科学创新提供了原动力。因此，发展科技，必须研究并把握学科内部运作及其与社会相互作用的机制及规律。

中国科学院学部作为我国自然科学的最高学术机构和国家在科学技术方面的最高咨询机构，历来十分重视研究学科发展战略。2009 年 4 月与国家自然科学基金委员会联合启动了“2011～2020 年我国学科发展战略研究”19 个专题咨询研究，并组建了总体报告研究组。在此工作基础上，为持续深入开展有关研究，学部于 2010 年底，在一些特定的领域和方向上重点部署了学科发展战略研究项目，研究成果现以“中国学科发展战略”丛书形式系列出版，供大家交流讨论，希望起到引导之效。

根据学科发展战略研究总体研究工作成果，我们特别注意到学

① 题注：李耳《老子》第 64 章：“合抱之木，生于毫末；九层之台，起于累土；千里之行，始于足下。”

科发展的以下几方面的特征和趋势。

一是学科发展已越出单一学科的范围，呈现出集群化发展的态势，呈现出多学科互动共同导致学科分化整合的机制。学科间交叉和融合、重点突破和“整体统一”，成为许多相关学科得以实现集群式发展的重要方式，一些学科的边界更加模糊。

二是学科发展体现了一定的周期性，一般要经历源头创新期、创新密集区、完善与扩散期，并在科学革命性突破的基础上螺旋上升式发展，进入新一轮发展周期。根据不同阶段的学科发展特点，实现学科均衡与协调发展成为了学科整体发展的必然要求。

三是学科发展的驱动因素、研究方式和表征方式发生了相应的变化。学科的发展以好奇心牵引下的问题驱动为主，逐渐向社会需求牵引下的问题驱动转变；计算成为了理论、实验之外的第三种研究方式；基于动态模拟和图像显示等信息技术，为各学科纯粹的抽象数学语言提供了更加生动、直观的辅助表征手段。

四是科学方法和工具的突破与学科发展互相促进作用更加显著。技术科学的进步为激发新现象并揭示物质多尺度、极端条件下的本质和规律提供了积极有效手段。同时，学科的进步也为技术科学的发展和催生战略新兴产业奠定了重要基础。

五是文化、制度成为了促进学科发展的重要前提。崇尚科学精神的文化环境、避免过多行政干预和利益博弈的制度建设、追求可持续发展的目标和思想，将不仅极大促进传统学科和当代新兴学科的快速发展，而且也为人才成长并进而促进学科创新提供了必要条件。

我国学科体系系由西方移植而来，学科制度的跨文化移植及其在中国文化中的本土化进程，延续已达百年之久，至今仍未结束。

鸦片战争之后，代数学、微积分、三角学、概率论、解析几何、力学、声学、光学、电学、化学、生物学和工程科学等的近代科学知识被介绍到中国，其中有些知识成为一些学堂和书院的教学内容。1904 年清政府颁布“癸卯学制”，该学制将科学技术分为格致科(自然科学)、农业科、工艺科和医术科，各科又分为诸多学科。1905 年清朝废除科举，此后中国传统学科体系逐步被来自西方的新学科体系取代。

民国时期现代教育发展较快，科学社团与科研机构纷纷创建，现代学科体系的框架基础成型，一些重要学科实现了制度化。大学引进欧美的通才教育模式，培育各学科的人才。1912 年詹天佑发起成立中华工程师会，该会后来与类似团体合为中国工程师学会。1914 年留学美国的学者创办中国科学社。1922 年中国地质学会成立，此后，生理、地理、气象、天文、植物、动物、物理、化学、机械、水利、统计、航空、药学、医学、农学、数学等学科的学会相继创建。这些学会及其创办的《科学》、《工程》等期刊加速了现代学科体系在中国的构建和本土化。1928 年国民政府创建中央研究院，这标志着现代科学技术研究在中国的制度化。中央研究院主要开展数学、天文学与气象学、物理学、化学、地质与地理学、生物科学、人类学与考古学、社会科学、工程科学、农林学、医学等学科的研究，将现代学科在中国的建设提升到了研究层次。

中华人民共和国建立之后，学科建设进入了一个新阶段，逐步形成了比较完整的体系。1949 年 11 月新中国组建了中国科学院，建设以学科为基础的各类研究所。1952 年，教育部对全国高等学校进行院系调整，推行苏联式的专业教育模式，学科体系不断细化。1956 年，国家制定出《十二年科学技术发展远景规划纲要》，该规划包括 57 项任务和 12 个重点项目。规划制定过程中形成的“以任务带学科”的理念主导了以后全国科技发展的模式。1978 年召开全国科学大会之后，科学技术事业从国防动力向经济动力的转变，推进了科学技术转化为生产力的进程。

科技规划和“任务带学科”模式都加速了我国科研的尖端研究，有力带动了核技术、航天技术、电子学、半导体、计算技术、自动化等前沿学科建设与新方向的开辟，填补了学科和领域的空白，不断奠定工业化建设与国防建设的科学技术基础。不过，这种模式在某些时期或多或少地弱化了学科的基础建设、前瞻发展与创新活力。比如，发展尖端技术的任务直接带动了计算机技术的兴起与计算机的研制，但科研力量长期跟着任务走，而对学科建设着力不够，已成为制约我国计算机科学技术发展的“短板”。面对建设创新型国家的历史使命，我国亟待夯实学科基础，为科学技术的持续发展与创新能力的提升而开辟知识源泉。

反思现代科学学科制度在我国移植与本土化的进程，应该看到，20 世纪上半叶，由于西方列强和日本入侵，再加上频繁的内战，科学与救亡结下了不解之缘，新中国建立以来，更是长期面临着经济建设和国家安全的紧迫任务。中国科学家、政治家、思想家乃至一般民众均不得不以实用的心态考虑科学及学科发展问题，我国科学体制缺乏应有的学科独立发展空间和学术自主意识。改革开放以来，中国取得了卓越的经济建设成就，今天我们可以也应该静下心来思考“任务”与学科的相互关系，重审学科发展战略。

现代科学不仅表现为其最终成果的科学知识，还包括这些知识背后的科学方法、科学思想和科学精神，以及让科学得以运行的科学体制，科学家的行为规范和科学价值观。相对于我国的传统文化，现代科学是一个“陌生的”、“移植的”东西。尽管西方科学传入我国已有一百多年的历史，但我们更多地还是关注器物层面，强调科学之实用价值，而较少触及科学的文化层面，未能有效而普遍地触及到整个科学文化的移植和本土化问题。中国传统文化以及当今的社会文化仍在深刻地影响着中国科学的灵魂。可以说，迄 20 世纪结束，我国移植了现代科学及其学科体制，却在很大程度上拒斥与之相关的科学文化及相应制度安排。

科学是一项探索真理的事业，学科发展也有其内在的目标，探求真理的目标。在科技政策制定过程中，以外在的目标替代学科发展的内在目标，或是只看到外在目标而未能看到内在目标，均是不适当的。现代科学制度化进程的含义就在于：探索真理对于人类发展来说是必要的和有至上价值的，因而现代社会和国家须为探索真理的事业和人们提供制度性的支持和保护，须为之提供稳定的经费支持，更须为之提供基本的学术自由。

20 世纪以来，科学与国家的目的不可分割地联系在一起，科学事业的发展不可避免地要接受来自政府的直接或间接的支持、监督或干预，但这并不意味着，从此便不再谈科学自主和自由。事实上，在现当代条件下，在制定国家科技政策时充分考虑“任务”和学科的平衡，不但是最大限度实现学术自由、提升科学创造活力的有效路径，同时也是让科学服务于国家和社会需要的最有效的做法。这里存在着这样一种辩证法：科学技术系统只有在具有高度创造活力的情形下，才能在创新型国家建设过程中发挥最大作用。

在全社会范围内创造一种允许失败、自由探讨的科研氛围；尊重学科发展的内在规律，让科研人员充分发挥自己的创造潜能；充分尊重科学家的个人自由，不以“任务”作为学科发展的目标，让科学共同体自主地来决定学科的发展方向。这样做的结果往往比事先规划要更加激动人心。比如，19 世纪末德国化学学科的发展史就充分说明了这一点。从内部条件上讲，首先是由于洪堡兄弟所创办的新型大学模式，主张教与学的自由、教学与研究相结合，使得自由创新成为德国的主流学术生态。从外部环境来看，德国是一个后发国家，不像英、法等国拥有大量的海外殖民地，只有依赖技术创新弥补资源的稀缺。在强大爱国热情的感召下，德国化学家的创新激情迸发，与市场开发相结合，在染料工业、化学制药工业方面进步神速，十余年间便领先于世界。

中国科学院作为国家科技事业“火车头”，有责任提升我国原始创新能力，有责任解决关系国家全局和长远发展的基础性、前瞻性、战略性重大科技问题，有责任引领中国科学走自主创新之路。中国科学院学部汇聚了我国优秀科学家的代表，更要责无旁贷地承担起引领中国科技进步和创新的重任，系统、深入地对自然科学各学科进行前瞻性战略研究。这一研究工作，旨在系统梳理世界自然科学各学科的发展历程，总结各学科的发展规律和内在逻辑，前瞻各学科中长期发展趋势，从而提炼出学科前沿的重大科学问题，提出学科发展的新概念和新思路。开展学科发展战略研究，也要面向我国现代化建设的长远战略需求，系统分析科技创新对人类社会发展和我国现代化进程的影响，注重新技术、新方法和新手段研究，提炼出符合中国发展需求的新问题和重大战略方向。开展学科发展战略研究，还要从支撑学科发展的软、硬件环境和建设国家创新体系的整体要求出发，重点关注学科政策、重点领域、人才培养、经费投入、基础平台、管理体制等核心要素，为学科的均衡、持续、健康发展出谋划策。

2010 年，在中国科学院各学部常委会的领导下，各学部依托国内高水平科研教育等单位，积极酝酿和组建了以院士为主体、众多专家参与的学科发展战略研究组。经过各研究组的深入调查和广泛研讨，形成了“中国学科发展战略”丛书，纳入“国家科学思想库—学术引领系列”陆续出版。学部诚挚感谢为学科发展战略研究付出心血的院士、专家们！

按照学部“十二五”工作规划部署，学科发展战略研究将持续开展，希望学科发展战略系列研究报告持续关注前沿，不断推陈出新，引导广大科学家与中国科学院学部一起，把握世界科学发展动态，夯实中国科学发展的基础，共同推动中国科学早日实现创新跨越！

序

根据《中国科学院学部“十二五”工作规划纲要》，为发扬学部学术引领和决策咨询的支撑作用，倡导科学民主，鼓励学术争鸣，充分发挥中国科学院学部对我国科学技术前沿和未来创新发展的引领作用，我们在这里与领域内众多专家学者一起，共同研讨“载人深空探测”学科发展战略，推动前沿科学理论的发展。

人类必将从近地轨道走向深空，载人深空探测是载人航天技术和无人深空探测技术发展的必然结合，是带动航天技术实现跨越式发展的龙头。从战略意义上讲，21 世纪上半叶以载人登火星为远期目标，近期以载人登月为起点的载人深空探测工程代表了一个国家认识、开发和利用地外天体资源的能力，也是一个国家综合国力的象征，因此是当前世界航天强国的重点发展方向，应当处于重点优先发展的地位。

为保证这本《中国学科发展战略·载人深空探测》能够体现未来载人深空探测领域的发展趋势和重点方向，两年多来，我们组织了多次高层次战略科学专家的咨询审议会议。本书由我国从事载人航天和探月工程的专家、学者主笔，他们既具有丰富的工程实践经验，也具备面向未来的创新活力和激情，加之勤奋的工作、多方面的协作，所以本书凝聚了运载火箭/航天器总体技术，动力与能源技术，空间热物理技术，制导、导航与控制技术，着陆回收技术，材料、结构与制造技术，载人环境与生命保障科学与技术，人机联合作业技术，原位资源利用技术，月球及行星科学，空间生命科学，航天医学等多位学科领域专家的战略共识，希望本书的出版能够对广大科技工作者触摸和了解载人深空探测学科前沿、认知和把握学科发展动态、传承和发展学科文化、促进和激发实践创新有所帮助，与世界人民一起共同推动人类走向深空的伟大事业！

2016年3月

前　言

2010年6月3日，中国科学院发布《关于组织开展学科发展战略研究的意见》，指出：开展学科发展战略研究，是学部作为我国科学技术最高学术机构的基本职责，是学部对我国科学技术发展发挥引领作用的重要体现，也是享有国家最高学术荣誉称号的院士们应尽的义务和责任。

为贯彻落实《中国科学院学部“十二五”工作规划纲要》及中国科学院学部《关于组织开展学科发展战略研究的意见》，切实做好学科发展战略研究工作，充分发挥中国科学院技术科学部对我国科学技术发展的引领作用和院士的学术带头作用，中国空间技术研究院依托自身在载人航天和月球探测领域取得的成就、技术优势和总体地位，结合国内外载人深空探测领域的发展现状及趋势，由叶培建院士牵头提出了开展载人深空探测学科发展战略研究的建议。

载人深空探测是载人航天技术和深空探测技术发展的必然结合，是带动航天技术实现跨越式发展的龙头，其技术水平直接体现了一个国家的综合国力水平。由于实施载人深空探测工程的技术难度大、投资规模大、对未来航天技术的发展影响巨大，因此前瞻性地开展载人深空探测学科发展战略研究显得尤为重要。

在中国科学院学部学科发展战略研究指导组的指导下，中国空间技术研究院载人航天总体部成立了载人深空探测学科战略研究工作组，由叶培建院士担任组长。此外还有载人航天工程论证中心、北京理工大学、哈尔滨工业大学、大连化学物理研究所航天员科研训练中心、航天推进技术研究院11所，以及中国空间技术研究院所属的钱学森空间技术实验室、载人航天总体部、总装与环境工程部等共计10余家单位参加了战略研究工作，在课题研究工作中多次得到了北京理工大学胡海岩院士等专家的指导。课题工作组本着“放眼未来、实事求是、团结合作、共谋发展”的精神，在中国科学院院士工作局的指导下，结合当前规划论证中的载人登月工程、深空探测工程的路线图和国际走向，全面深入地开展了学科发展战略研究工作，前瞻性地判断和分析了未来载人深空探测领域的发展趋势和应优先发展的领域和重点方向，力争为我国载人深空探测领域指明发展方向，做好学科储备。

本书由五章组成。第一章由果琳丽、张志贤、王平等同志编写，论述了载人深空探测的概念和内涵，开展载人深空探测活动的必要性，实施载人与无人深空探测任务的差异以及推动实施载人深空探测任务的发展原则。第二章由田林、张志贤等同志编写，先介绍了载人深空探测领域的国内外发展现状，包括月球/行星科学、空间生命科学以及载人月球探测、载人小行星探测、载人火星探测的工程技术发展概况；然后介绍了国内月球探测任务及载人航天任务的概况；再介绍了推动实施载人深空探测任务涉及的国际相关法律问题；最后总结了载人深空探测领域的发展趋势。第三章由张志贤、王平、齐玢、李志杰、田林、黄铁球等同志编写，围绕载人深空探测任务中的如何保障人员精确可靠到达、着陆地外天体并安全起飞返回地球，如何保障人员在长期飞行及长期驻留任务时的居住及生活环境，如何保障人员在地外天体的大范围机动和作业以及如何保障人员长期任务中的健康和安全等 4 个方面分析了存在的突出科技问题。第四章由张志贤、黄铁球等同志编写，根据“任务牵引”的时间紧迫性和“技术推动”的核心瓶颈以及颠覆性技术优先发展的原则，提出了应优先发展的科学领域和重点方向，包括空间生命科学，航天医学，动力与能源工程技术，材料、结构及制造技术，原位资源利用技术和人机联合作业技术。第五章由果琳丽、张志贤等同志编写，提出了应该优先发展的重点学科，提出应加强学科顶层规划、无人深空探测与载人深空探测融合发展、以近地轨道空间站为平台逐步验证载人深空探测关键技术、实施载人深空探测基础能力提升工程、加强国家重大研发计划支持、参与并掌握制定太空法律主动权的政策建议。

本课题的研究特点是指明了载人深空探测任务的未来发展战略，“去、登、回”是第一步，“驻”是第二步，“用”是第三步，核心是“人”，并围绕载人深空探测任务特点，梳理提炼了存在的突出科技问题及应该优先发展的学科方向。本课题历经两年多的时间，在研究过程中得到了中国科学院技术科学部领导、中国空间技术研究院载人航天总体部领导以及相关领域专家的指导和大力支持，在此一并致谢！同时感谢本课题组各参与单位的同志们，他们为课题的完成付出了辛勤劳动！

鉴于技术发展迅速，研究对象又具有前瞻性和不确定性，而工作组的水平和认识有限，因此对新事物的判断具有一定局限性，缺点甚至错误在所难免，敬请各位读者批评指正！

载人深空探测学科战略研究工作组

2016年3月

摘 要

一、载人深空探测概念和内涵

载人深空探测任务是指以月球、小行星、火星及其卫星为目标的有人类航天员直接参与的地外天体探测任务，是以月球为代表的深空探测工程和载人航天工程后续发展的必然结合。在 21 世纪上半叶科技进步可预见的范围内，载人深空探测可达目标包括月球、小行星、火星及其卫星。航天器的飞行包括去、登、驻、用、回等飞行过程，任务包括短期、中期、长期任务。

载人深空探测的必要性主要体现在以下五个方面：①从人类自身角度看，人类探索未知世界的本能及好奇心决定了人类参与深空探测是必然的；②从人类社会发展的角度看，人类社会生产力的持续发展的前进性与地球资源、生存空间的有限性之间的矛盾以及人类拓展生存空间的客观规律，决定了载人深空探测是必然的；③从人类特性角度看，人类区别于机器的生物特性和智慧特性决定了人类参与深空探测任务是必然的；④从国家与民族发展角度看，有人参与深空探测对国家未来抢占深空探测主动权和制高点有着不可估量的战略意义；⑤作为国家重大战略性科技工程，载人深空探测工程将引领我国空间科学研究和航天工程技术实现跨越式发展。

实施载人深空探测任务发展原则遵循“以有人参与为目的，先期开展多项无人深空探测任务，将无人与载人深空探测任务融合发展，逐步突破核心关键技术，带动科学技术的跨越式发展”的原则，这也是人类探索宇宙、走向深空的基本原则。

二、载人深空探测发展现状和发展趋势

以 1961 年美国实施阿波罗（Apollo）载人登月工程为起点，国际上载人深空探测已经发展了五十余年，形成了载人月球探测、载人小行星探测及载人火星探测等三大热点方向。

1. 载人月球探测

21 世纪初，美国提出了以重返月球为主要目标的“星座”计划，完成了货运火箭、载人火箭、载人飞船以及载人月面着陆器等飞行器系统方案设计。2010 年奥巴马中止“星座”计划后，美国经过重新论证和调整，NASA 将载人登陆火星作为 2030 年前后载人深空探测领域的重点任务目标，并加大投入发展空间发射系统和新一代载人飞船，持续开展核心关键技术研究，以提升航天技术的基础能力。载人月球探测的长远目标是建立月球基地，对月球进行长期系统性的科学研究并实施月球资源开发利用，在月球基地方案设计上更加注重利用机器人开展人机协同的月面原位资源利用任务。

2. 载人小行星探测

在世界各国成功实施多次无人小行星探测的基础上，美国提出了小行星重定向任务，计划将目标小行星捕获至月球轨道并在载人飞船的支持下实现载人小行星探测。

3. 载人火星探测

在无人火星探测持续推进并不断取得丰硕成果的同时，载人火星探测尚处于方案论证和关键技术攻关阶段。在推进技术未取得革命性突破的情况下，载人火星往返通常需要经历约 500 天的长时间深空飞行，其中如何进行宇宙辐射防护以及人工重力生成都是突出的问题。美国 NASA 发布载人登陆火星参考设计 5.0 任务，私营公司埃隆·马斯克（Elon Musk）提出了基于猎鹰重型火箭和红龙飞船的载人登陆火星设想，立志将人类变成多星球物种。俄罗斯建立载人火星探测模拟器，并在地面开展了火星−500 模拟试验项目。

4. 全球空间探索路线图

为了更好地协调统筹国际深空探测活动，国际深空探测协调组织（International Space Exploration Coordination Group，ISECG）研究发布了两个版本的全球空间探索路线图。

我国自开展“嫦娥”无人月球探测工程实践以来，已经突破了地月转移技术、月面软着陆技术、月面巡视探测技术、月地高速再入技术等，计划于 2017 年完成月面采样返回任务。同时开展了以载人登月工程为代表的载人深空探测发展战略研究，并形成了若干共识，包括：载人深空探测可以有多条不同的路径，载人登火星是未来 30 年内载人深空探测的远景目标，载人月球探测是不可跨越的关键环节，可以月球为关键技术演练场逐步验证载人登陆火星的关键技术；在基础技术方面应瞄准前沿任务目标，不断推进基础技术研究和核心能力建设，同时提出应重视国际合作。

三、载人深空探测任务存在的突出科技问题

载人深空探测任务重点围绕“去、登、驻、用、回”以及“人”等方面进行研究，包含四个方面的突出科技问题。

（1）“去、登、回”的问题：解决载人深空探测任务中载人航天器的发射、地外天体着陆以及起飞、安全返回地球的问题。与无人深空探测任务相比，在“去、登、回”方面由于载人航天器规模大幅度增加以及对精确性、安全性和可靠性的更高要求，使得在发射过程、飞行过程、进入/再入过程、着陆以及起飞过程中，工程实施难度较大，对火箭运载、发动机、热防护、着陆缓冲、再入回收等技术均提出了更高的要求。例如，美国 Apollo 计划用到的“土星五号”火箭（近地轨道运载能力约 120 吨）以及后期“星座”计划提出的“战神五号”火箭，其运载能力都远远大于我国当前新一代运载火箭“长征五号”的运载能力（近地轨道约 25 吨）。

（2）“驻”的问题：面向长期飞行及地外天体长期驻留任务，解决保障人类居住和生活环境所面临的科学技术问题。与无人任务

相比，人是生命体，必须要解决人类在地外天体极端环境下的生存问题，构建人类赖以生存的生命保障系统，持续提供维持生命延续的食品、空气和水，这些都是有人参与的深空探测所必须要解决的关键问题。

（3）“用”的问题：“用”是有人参与的深空探测的长远目标，旨在对地外星体实施开发利用，甚至长期移民。“用”的问题就是要解决人类在地外天体作业及开发利用外太空资源所涉及的科学技术问题。这一过程主要以资源利用为目标，包括地形探测、资源探测、资源采集（开发）、资源运输、资源处理等，除此之外还将进行科学实验、建造维修等作业活动。面向地外星体的特殊环境条件，为完成上述活动，必须解决星体表面的机动，航天员出舱活动支持，科学探测载荷设备等相关问题。这些技术均是有人参与的深空探测的特有问题，涉及范围广、技术难度大。

（4）“人”的问题：人是有人参与的深空探测任务的核心，有人的存在就要在任何时刻保障人员的健康和安全。与无人探测相比，有人参与的深空探测，其最明显的特征就是人的加入。人的存在就使得整个任务将以人为核心，确保人在整个任务期间的健康和安全成为首要目标。这不仅需要飞行器开展安全性设计，还需要从空间环境、医学、生物学、心理学乃至伦理学等多个方面进行研究，所涉及的科学技术问题十分复杂。

围绕上述四个方面存在的突出科技问题，共梳理出 18 项科学技术领域约 60 个具体研究项目。

四、我国载人深空探测的优先领域和重点方向

载人深空探测任务面临的突出科技问题涉及多个科学技术领域，根据载人深空探测“任务牵引”的时间紧迫性以及“技术推动”的核心瓶颈与颠覆性技术优先发展的原则，遴选出需要优先发展的 6 个科学技术领域。

1. 空间生命科学

空间生命科学是以人类进入空间后的健康和工效为目标，解决航天员在空间环境下长期生存、保持工作能力等一系列问题的重要基础科学，需要发展的重点方向包括以下内容。

（1）空间重力生物学。

（2）空间辐射生物学。

（3）空间生命生态支持系统的基础生物学。

2. 航天医学

载人深空探测任务包括长期深空飞行任务和地外天体长期驻留任务，航天员的身心健康问题非常突出，包括生理健康和心理健康两个方面，必须解决与人有关的医学问题。需要发展的重点方向包括以下内容。

（1）航天员健康风险与预防。

（2）长期飞行行为与心理健康。

（3）工程心理学。

3. 动力与能源工程技术

重型运载火箭和载人深空探测器是实施载人深空探测任务的关键载体，其中的核心问题是动力与能源问题。以大推力（数百吨级）液体火箭发动机为代表的关键技术是制约航天技术取得突破性进展的瓶颈，因此必须优先发展动力与能源工程技术领域。需要发展的重点方向包括以下内容。

（1）大推力液体火箭发动机技术。

（2）先进低温推进技术。

（3）深度变推力发动机技术。

（4）燃料电池技术。

（5）核电源技术。

（6）核推进技术。

4. 材料、结构及制造技术

材料、结构及制造技术是载人航天器和运载火箭研制的重要基础支撑技术，载人深空探测任务对缓冲材料、热防护材料、低温绝热材料、防尘材料等提出了更高的要求，同时对大直径（8～10米）箭体制造技术提出了迫切需求。需要发展的重点方向包括以下内容。

（1）大承载高效着陆缓冲吸能材料及结构。

（2）新型轻质高温热防护材料及结构。

（3）轻质低温绝热材料及结构。

（4）地外天体特殊环境的高防尘材料及除尘设备。

（5）大型箭体制造技术。

5. 原位资源利用技术

原位资源利用技术（In-Situ Resource Utilization，ISRU）是一项颠覆性新兴技术，将显著改变载人深空探测任务模式，从而降低任务成本和难度，属于优先发展的关键技术。需要发展的重点方向包括以下内容。

（1）行星表面推进剂获取及制备技术。

（2）乘员消耗品的提取与利用技术。

6. 人机联合作业技术

人机联合作业可以充分发挥人和机器（机器人、车辆和作业设备）各自的优势，“以人为主，机器为辅，优势互补”的人机协同工作模式，可以帮助航天员完成各类复杂的地外天体探测作业任务，是未来有人参与深空探测任务的重要特征。需要发展的重点方向包括以下内容。

（1）智能机器人与自主控制技术。

（2）先进人机交互技术。

五、载人深空探测学科发展建议

对应教育部公布的一级学科目录，载人深空探测领域应优先发展航空宇航科学与技术、特种医学、动力工程与工程热物理、材料科学与工程、生物学、心理学、机械工程及学科交叉科学与技术等8个基础学科，同时根据我国的基本国情和载人深空探测未来的发展趋势，建议采取以下政策措施。

1. 制定载人航天与深空探测发展的长远规划，加强学科顶层规划

2020年前后，载人航天工程与月球探测工程“三步走”战略都将实施完毕，建议国家尽快制定载人深空探测领域的顶层长远规划。在此基础上加强航空宇航科学与技术、航天医学、动力工程与工程热物理、材料科学与工程、生物学、心理学、机械工程及学科交叉科学与技术等学科的顶层发展规划，着力引导开展载人航天与深空探测领域的基础性技术研究，鼓励不同学科间的交叉与渗透、鼓励新兴学科和前沿学科的突破和创新。

2. 通过无人深空探测任务及飞行演示验证试验逐步提高载人深空探测技术的成熟度，降低任务风险，从而提高载人任务的安全性和可靠性

载人深空探测任务必须高度重视人员的安全性和可靠性问题。无人深空探测任务可以作为载人深空探测任务的先导工程，以月球探测任务为例，通过安排系列无人月球探测任务，可为载人登月和月球基地任务着陆点的选择、月球科学仪器的设置、月球基地的构建和建造等进行先期的技术验证；也可通过搭载生物舱，验证动物、植物深空生存等与乘员相关的空间生命科学技术；还可通过实施有人状态的无人飞行演示验证试验来逐步验证载人深空探测的关键技术，提高技术成熟度，降低任务风险，从而提高人员的安全性和可靠性，为最终顺利实施载人月球、小行星、火星探测任务奠定

基础。

3. 以近地轨道空间站为平台，验证与人有关的空间生命科学项目

在目前我国现有的能力和条件下，可以我国2020年前后即将建成的近地轨道空间站为平台，验证载人深空探测任务所需的与空间生命科学领域相关的关键技术。例如生物式再生生保技术、航天员居住舱环境实验、长期飞行任务中航天员的食物/运动/健康监测/绩效管理、长期限制和隔离环境对航天员心理的影响等，充分利用我国近地轨道空间站平台，验证载人深空探测所需的科学和工程技术，为后续顺利实施我国的载人深空探测任务奠定基础。

4. 实施载人深空探测基础能力提升工程，重点突破空间科学和航天工程基础瓶颈技术，有效引领中国科技前沿和提升中国航天实力

实施空间生命科学和航天医学等空间科学先导计划，重点解决空间重力生物学、空间辐射生物学、空间生命生态支持系统的基础生物学、长期飞行生理医学、长期飞行行为与心理健康等基础科学问题。

实施航天先进动力与能源专项工程，重点解决大推力重型火箭发动机技术、深度高变比的变推力发动机技术、低温推进剂长期在轨蒸发量控制技术、燃料电池技术、核能源技术、核推进技术等瓶颈技术，奠定载人深空探测动力与能源基础。

实施先进智能材料与结构等重大研发计划，解决载人深空探测核心材料与结构问题，依托“中国2025先进制造”计划，解决大型箭体直径制造等关键问题，奠定载人深空探测器和重型运载火箭的技术基础。

实施“开天”原位资源利用计划，重点解决如何在行星表面进行推进剂获取与制备、消耗品的提取与利用等问题，可显著降低载人深空探测任务中飞行器的系统规模和技术难度。

实施“智能探测机器人”计划，重点突破智能机器人与自主控制技术、先进人机交互技术，将民用智能机器人先进技术引入深空探测领域，充分发挥出人机协同作业的优势，以达到深度开发利用地外天体资源的战略目标。

5. 加强国家重大研发计划支持，加强原始性技术创新，鼓励国际合作，培养具有国际视野和科学精神的创新型人才，加大载人深空探测领域的科学传播力度

通过国家重大研发计划给予支持，从国家层面重点对优先发展的基础技术和瓶颈技术给予支持，加强基础研究力度，鼓励科研院所、高校等不同领域的专家和学者开展原始性创新。在高等院校科学布局有关学科，培养相关专业人才。将远期工程目标与推动技术创新发展有机结合，并设立长效机制。鼓励载人深空探测领域的国际合作，实施国际合作的优惠政策，提供国内研究人员多参加国际交流与合作的机会。着力培养具有历史使命感和社会责任心，富有国际视野、科学精神、创新精神和实践能力的优秀人才。同时积极开展科学传播活动，激发公众对太空探索的向往，让载人深空探测的基本科学常识深入人心，保障我国科学技术的稳步发展。

6. 积极参与，掌握制定太空法律主动权

国际上虽然制定了相关的空间法律，但均以指导性政策为主，缺乏执行监督手段。载人深空探测处在初期阶段，对于地外天体的开发、利用等问题还没有形成有效的国际法律或公约。随着载人深空探测技术的不断成熟和发展，必将有更多国家加入，因此在当下“先到达者先得利”的国际形势下，我国应该通过无人与载人深空探测相结合的发展途径，有效推动我国太空探索项目的稳步实施，以先驱者的身份积极参与并指导制定太空相关法律，掌控太空法律制定的主动权和话语权。

Abstract

1. Summarization of Manned Deep Space Exploration

1) Concept and connotation

Manned deep space exploration means that astronauts attends directly in the exploration missions of celestial bodies including moon, asteroids, mars and its satellites, which will be the necessary combination of manned space flight project and deep space exploration project with lunar exploration as a symbol. In the first half of 21st century with foreseeable technology progress, the predictable destinations of human deep space exploration comprise moon, asteroids and mars. Spaceflight comprises the process of departing, landing, residing, utilizing and return, which involves short-term, medium-term and long mission periods.

2) Necessity of Manned deep space exploration

The necessity of Manned deep space exploration are listed as following five aspects: In point of view on human being-self, human instinct and curiosity bring out the necessity; in point of view on human society development, the conflict between society developing forwards and earth resource limitation and the natural law of human social development brings out the necessity; in point view of human characteristics, human biology characteristics and wisdom which different from machine bring out the necessity of manned deep space exploration; in point view of country and nation development, manned deep space exploration has important significance for a country to occupy the initiative potency; as a national important and strategy technology project, manned deep space exploration has strategetic significance on the advancement of our nation's space science research and space engineering technology.

3) Principle of human deep space exploration

The development of manned deep space exploration will follow the principle of "aiming at human presence, developing unmanned deep space exploration in advance and blending with manned deep space exploration, breaking through key technologies gradually, promoting leap-forward progress of science and technology", which is also the basic principle of manned deep space exploration and stepping forward in the deep space.

2. The development and trend of manned deep space exploration

International manned deep space exploration has been developed for more than 50 years since Apollo manned lunar landing project in 1961, which has formed three most interesting directions including manned lunar, asteroids and mars exploration.

1) Manned lunar exploration

At the beginning of 21st century, USA has proposed the Constellation Program (CxP) whose central aim was back to moon, and has accomplished the preliminary design of vehicle system, including cargo launch rocket, manned launch rocket, manned spaceship and manned lunar lander. In 2010, CxP was cancelled by President Obama, while

USA has switched to Mars as the mission target of manned deep space exploration about 2030 after cautious argumentation and adjustment by NASA. The budget of Space Launch System (SLS) and new generation of manned spaceship has been increased to support research of key technologies and advancement of basic space ability. The long-term target of manned lunar exploration is establishing lunar base. After persistent and systematic scientific research of lunar and utilization of lunar resource, there appears three types of lunar base schemes, such as rigid type, extensible type and constructive type. In-suit resource utilization with robots cooperation between human has taken more and more attention in the design of lunar base.

2) Manned asteroid exploration

Based on several successful missions of unmanned asteroid exploration, USA develops the Asteroid Capture and Reorientation (ACR) mission, which is planning to capture an asteroid and transfer it to the lunar orbit for manned exploration with the help of manned spaceship.

3) Manned mars exploration

Unmanned mars exploration has put forward and achieved abundant achievement, while manned Mars exploration is still staying at the phase of argumentation and key technology research. Considering the long time interplanetary travel of mars reach and return, the problem of protection from space radiation and creation of artificial gravity is prominent with the propulsion has not achieved revolutionary progress yet. USA brings the newest science and technology to its manned mars mission design, and announces mars Design Reference Mission V5.0 (DRM V5.0). Russia built manned mars exploration simulator and undertook the Mars-500 program on ground.

4）International Space Exploration Roadmap

International Space Exploration Coordinate Group (ISECG) has released two versions of international space exploration roadmap to instruct and coordinate international deep space exploration activities.

Since the practice of Chang'E unmanned lunar exploration project, China has achieved several key technologies, such as earth-lunar transfer, lunar surface soft landing, lunar surface rover and prospection, lunar return high speed re-entry, while planned to finish lunar surface sampling and return in 2017. At the same time, development strategy study of manned deep space exploration has attained several conclusions including: Manned deep space exploration can follow several different routines and mars is the prospective goal in the next 30 years; Manned lunar exploration is the key step which can't be ignored, and lunar can act as a key technology test ground for manned mars landing; As to basic technology, the aim must be persistent progress of key technologies and core ability, while international corporation should be put more attention on.

3. Prominent problems of human deep space exploration

"Departing, landing, residence, utilization and return" and "human being" are the keystone points of human deep space exploration, which cover four prominent technical problems listed as follows:

(1) Problems of "departing, landing and return": To solve the problem of manned spacecraft launch, landing on celestial bodies outside earth, raising and return to earth safely. Comparing to unmanned deep space exploration, manned spacecraft has more huger scale and higher requirement on accuracy, safety and reliability, which results in new distinct technology difficulty during launch, on-orbit flight, entry and reentry, landing, and raises more requirements on rocket ability,

rocket engine, heat protection, landing impact absorption, reentry and drawing back. As example, launch ability of Saturn V used in Apollo program (LEO launch ability is more than 100t) and Ares V used in CxP are far more than our generation of rocket (LEO/25t).

（2） Problem of "residence": To solve the technology and science problem of human habitation, living and environment in the long time space flight and long time residence on the celestial bodies beyond earth. Comparing to unmanned deep space exploration, human is an organism and manned deep space exploration must guarantee human survival in the extreme environment of celestial bodies beyond earth. Manned deep space exploration must solve the problems, such as establishing comfortable living environment, offering food and air to sustain human life.

（3） Problem of "utilization": "Utilization" is the long-term target of manned deep space exploration, which aims at using celestial bodies' resource, even interplanetary immigrating. "Utilization" is to solve the technology and science problem during operation and utilization beyond earth. The process includes terrain prospection, resource detection, resource collection (utilization), resource transportation, and resource processing. Besides, operations such as science experiment, construction and maintenance will be also undertaken. In the special environment, problems including movement, astronauts EVA support, and science payload must be dealt with carefully. These are unique technologies in the manned exploration and are more difficult.

（4） Problem of "human being": Human is the core the manned deep space exploration, while human health and safety should be guaranteed anytime. Comparing to unmanned deep space exploration mission, the distinct characteristics of manned mission is the participation of human. Human existence makes human to be the core of the whole mission, and human health and safety is the first assignment in the entire mission period. Space environment, medicine, psychology, even the ethnics should be studied, and these problems are very complicated.

Based on the four aspects mentioned above, there summaries 18 science and technology fields and 60 technology projects.

4. Prior development of keystone subjects

The prominent problems in manned deep space exploration involve numbers of technology areas. Based on the task urgency and development principle of subversive technologies of human deep space exploration, 6 science and technology subjects are chosen to be developed in advance.

1) Space life science technology

The objective of space life science is to solve the problem of astronauts' long-term space environment living and working, which involves development aspects with top priority as follows.

（1） Space gravity biology.

（2） Space radiation biology.

（3） Basal biology research of space life support system.

2) Special medicine technology

There are two parts in manned deep space exploration mission, including long time deep space flight and residence in celestial bodies beyond earth. Problem of astronaut is prominent. During manned deep space exploration missions, the technologies of space medicine need to be solved in advance to ensure physiology health and mentality health of astronauts. Hence this aspect comprises two research areas.

（1） Astronaut health risk and defense measure.

（2） Long time spaceflight action and mentality health.

（3） Engineering psychology.

3）Power and energy technology

Launch rocket and manned spacecrafts are the key platforms of manned deep space exploration, while power and energy technology is the core problem to be solved firstly. Key technologies taking heavy liquid engine (several hundred tons) as representative is the bottleneck blocking rapid development of space technology. Hence the power and energy technology comprises three aspects listed as follows.

（1）Large thrust liquid engine technology.

（2）Advanced cryogenic propellant technology.

（3）Deep throttleable rocket engine technology.

（4）Fuel cell technology.

（5）Nuclear power technology.

（6）Nuclear propulsion.

4）Material, structure and fabricating technology

Technologies of material, structure and fabricating are the important basic and support of manned spacecraft and launch rocket. Manned deep space exploration mission raises higher requirements on impact absorption material, heat protection material, cryogenic isolation material and dustproof material, while has urgent need to large rocket stage (8~10m diameter) body fabricating technology. There exists five important aspects need to be developed.

（1）High landing impact absorbing material and structure.

（2）New lightweight heat protection material and structure.

（3）Lightweight cryogenic adiabatic material and structure.

（4）Anti-dust and self-cleaning materials in special environment of celestial bodies .

（5）Manufacture technology of large-scale rocket stages.

5）In suit resources utilization technology

In suit resources utilization (ISRU) is a subversive new technology, which can largely change the mission mode of manned deep space exploration and reduce the mission cost and difficulty. These are the technologies need to be developed in advance, and the key aspects are listed as follows.

（1）Propellant production on planet surface.

（2）Crew consumables extraction and utilization.

6）Human-robot cooperation and exploration technology

Human-robot cooperation can make use of all advantages of human and robots (including robot, vehicle and operation devices), and create human-robot cooperation exploration mode of “human as core, robot as support, advantages complement each other”. The mode can support astronaut to undertake many complicated exploration missions in celestial bodies beyond earth, and this is the key characteristic of the future manned deep space exploration. The key aspects are as follows.

（1）Intelligent robot and automatically control technology.

（2）Human machine interaction technology.

5. Suggestions for subject development of manned deep space exploration

According to the first level discipline catalogue announced by Ministry of education, there are 8 basic subjects need to be given priority in development, including aerospace science and technology, special medicine, power engineering and engineering thermal physics, material science and engineering, biology, psychology, mechanical engineering and inter-disciplinary science and technology. Based on the fundamental realities of our country and future developing trend, there proposes several policy suggestions as follows.

1) Establishing long-term layout of manned spaceflight and deep space exploration, and enhancing top layout of subject

The three-step development strategy of manned spaceflight project and lunar exploration project will almost be finished around the year of 2020. Departments of national science and engineering agency and manned spaceflight engineering office should establish the top long-term layout of amalgamation development of space exploration and human deep space exploration. Based on this, top level development planning should be done for subjects of aerospace science and technology, special medicine, power engineering and engineering thermal physics, material science and engineering, biology, psychology, mechanical engineering and inter-disciplinary science and technology. And leading to basic study of manned space flight and deep space exploration field should be paid more attention to. Meanwhile, the cross and infiltration of burgeoning subject and foreland should be encouraged.

2) Enhancing technology ripeness level of manned deep space exploration through unmanned mission and flight demonstration and validation mission, reducing mission risk to improving the safety and reliability of manned flight mission

Manned deep space exploration mission should pay enough attention to crew safety and reliability. Unmanned mission can be done as the precursor project of manned mission. Taking lunar exploration as example, unmanned mission could be arranged to make technology validation for landing site selection of manned lunar landing and lunar base, allocation of lunar science devices, lunar base construction, etc. Space life technologies related to crew such as animal and plant deep space survival could be tested through launching a biology cabin. Unmanned flight with manned state can validate manned deep space exploration key technologies step by step, improve technology ripeness, reduce mission risk, guarantee crew safety and reliability, and lay the foundation for manned lunar, asteroids and mars exploration finally.

3) Validation of space life science on the platform near-earth orbit space station

Under the ability and condition of our country nowadays, the technology of space life science in human deep space exploration area can be tested based on the platform of China space station, such as bio-regenerative life support technology, astronaut residence environment experiment, astronaut food/sport/health surveillance/performance management, affect of long-term restriction and isolation to astronaut psychology etc. Taking fully use of our LEO space station to validate science and engineering technology necessary for manned deep space exploration can lay the foundation for our nation's future manned deep space exploration missions.

4) Carrying out capability upgrading project and breaking through space science and aerospace engineering technology, which guides and upgrades China aerospace technology ability effectively

Carrying out space life science and space medicine research projects, and solving the problems of space gravity biology, space radiation biology, basal biology research of space life support system, long-term spaceflight physiology and long-term spaceflight action and mentality health.

Carrying out advanced space propulsion research project, and solving the technology problems of large thrust heavy rocket engine, deep throttling engine, long-term on-orbit cryogenic propellant evaporation control and nuclear propulsion to lay the power foundation for manned deep space exploration.

Carrying out advanced intelligent materials and structures, solving the problems of keystone materials in human deep space exploration; based on "Chinese 2025 advanced manufacture", solving the problems of large-scale rocket stages manufacture technology and settle the foundation for lunar exploration spacecrafts and heavy-lift launch rocket.

Carrying out "Sky Open" project, solving the problems of propellant extraction technology on planets and consumables extraction and utilization technology, and this can decrease the difficulty of human deep space exploration mission and settle the foundation of lunar base and martin base technologies.

Carrying out "intelligent robot" project, solving the problems of intelligent robot technology, autonomous control technology and crew-robot coordinated exploration technology. Leading civil advanced technology to deep space exploration research area and settle the research foundation of human deep space exploration systems.

5) Strengthening support of important research project and original innovation, encouraging international cooperation, cultivating innovative researchers with international view and science spirit, increasing science spreading abroad strength of manned deep space exploration field

Support can be offered through state key research and development plan, including support from state level to the basic technologies and bottleneck technologies with top priority, strengthening basic research, and encouraging professionals and researchers from institutes and universities to make original innovation. Professional researchers can be cultivated through subjects layout in universities. Long-term aim and promoting the development of innovative technologies should be combined together, and there must establish a long-term mechanism. International cooperation should be encouraged, and beneficial policies for international cooperation should be developed to offer more international communication and cooperation chances to domestic researchers. Excellent researchers with social responsibility, international view, science and innovative spirit, and practical ability should be cultivated. At the same time, science popularization should be done more frequently to inspire citizens' interest of space exploration. Basic science principles of manned deep space exploration in citizens can promote the development of our nation's technology.

6) Participating in actively and hold the initiative to formulate space laws

There exists several space laws yet, but they are almost instructive, and poor of constraint power. Manned deep space exploration is still staying in the preliminary stage, and lack effective international law. As the technologies of manned deep space exploration growing up, more and more countries will participate the exploration activity. So under the condition of "first arriving first benefiting", unmanned space exploration and manned space exploration should be combined and accelerate the development of space exploration projects in our country. China should participate and guide the framework of space laws, thus can hold the initiative right and discourse right.

目　录

第一章 载人深空探测概述

第一节　载人深空探测的概念和内涵

对于“深空”和“深空探测”（包括载人与无人深空探测）的定义，国际上并无统一的意见，“深空”一般是相对地球轨道而言的。根据国军标《卫星术语》（GJB421A-97）和《中国大百科全书·航空航天卷》的定义，深空是距离地球约等于或大于地月距离（约 38.4 万千米）的宇宙空间。图 1-1 为深空探测概念示意图。

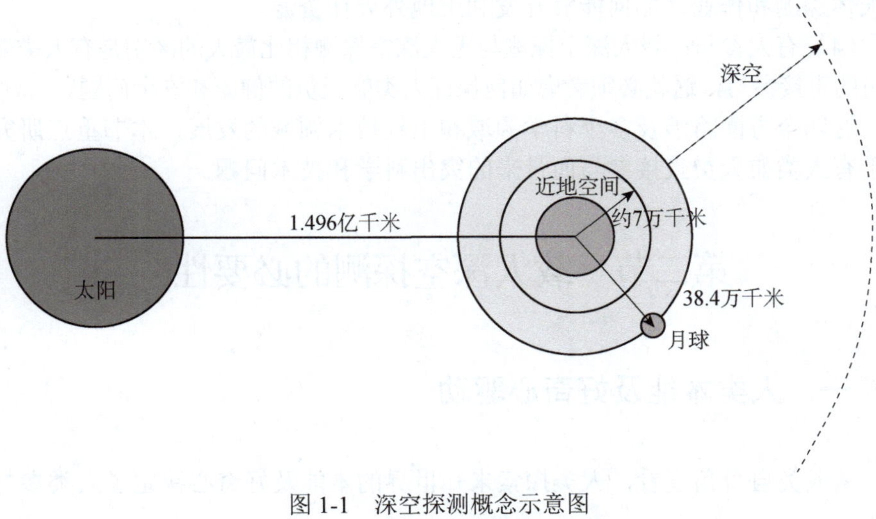

图 1-1　深空探测概念示意图

通常深空探测是指航天器在飞行过程中，其所处的主引力场是地球以外的天体，或处于多体引力平衡点附近的空间探测活动。载人深空探测任务是指以月球、小行星、火星及其卫星为目标的有人类航天员直接参与的地外天体探测任务。载人深空探测任务是未来以月球为代表的深空探测工程和载人航天工程发展的必然结合。在未来 30 年科技进步可预见的范围内，载人深空探测的可达目标包括月球、小行星、火星及其卫星。

载人深空探测任务包括从地球出发的轨道运输、登陆地外天体、居住、探测作业、从地外天体起飞及返回地球等一系列飞行过程；按照登陆地外天体目标的不同，包括载人月球探测、载人小行星探测和载人火星探测等任务；载人月球探测包括载人登月及建设月球基地、月球科考站等任务；载人火星探测包括载人登火及建设火星基地等任务。按照任务时间的长短也可分为短期任务（如载人登月任务，任务周期 7～14 天），中期任务（如月球科考站任务，任务周期 14～28 天），长期任务（如月球基地任务、载人小行星任务和载人火星任务，任务周期大于 28 天）。

为便于理解载人深空探测任务的内涵，突出“有人参与”的核心本质，按照飞行过程可将载人深空探测任务归结为三个飞行任务阶段和一个由于“人的存在”带来的突出问题，共四个方面。

（1）轨道往返阶段：主要研究的是“去、登、回”的问题，即研究人类如何乘坐航天器安全可靠地到达、着陆地外天体并安全返回的问题。

（2）地外天体居住阶段：主要研究的是“驻”的问题，即人类如何能够在地外天体建造短期科考站或者长期基地进行居住生存的问题。

（3）探测作业阶段：主要研究的是“用”的问题，即人类如何能够在地外天体探测和作业，如何能够开发利用地外天体资源。

（4）有人参与：载人深空探测与无人深空探测相比最大的区别是有人类航天员的直接参与，这就必须考虑如何保证人类航天员的健康和安全问题。

这四个方面将涉及多个科学领域和工程技术领域的发展，本书重点研究由于有人类航天员直接参与而带来的突出科学和技术问题。

第二节　载人深空探测的必要性

一、人类本能及好奇心驱动

从人类自身角度看，人类探索未知世界的本能及好奇心决定了人类参与深空探测是必然的。人类对未知世界的向往是生物在进化过程中赋予人类的最重要、最伟大的礼物之一，动物身上那些与生俱来的本领与能力在人类进化过程中逐渐被淡化，一种依靠后天实践而获得的新本能——对未知世界探究的本能成为人类进步的主动力。这种本能的基本特点在于人类总是渴求了解自己不熟悉的东西，如宇宙星辰、风云变迁、动物、植物等，这些都会引起人类的关注，促使人类通过艰苦不懈的努力去探究它们的奥秘。

探究能力使人类能够对外在世界的各种变化作出适当而迅速的反应，既能够积极地面对有利的变化，也能够有效地避开或应对可能造成灾难的危险。翻开史书不难发现，人类要想在与自然界的竞争中立于不败之地，就必须时刻掌握主动权。而要掌握生存的主动权，就必须要随时了解周围世界的各种变化，并且需要不断地拓展对于未知世界的把握能力，努力推动认识世界和改造世界的活动向着新的广度和深度进军，这是人类本能的具体表现。

自人类第一次仰望星空开始，对浩瀚宇宙的好奇心就已根深蒂固地植入人类的基因，深深植入了每一代人的心中，它就像一个巨大的磁石在吸引着人们：那里究竟会有什么奇异的景象？是否会有一些超出想象的新东西？能否得到一些意外的收获？这一个个问号充满着无与伦比的巨大魅力，诱惑着人类孜孜不倦地去探索与研究。这种从探究本能产生的强烈欲望，最终化作一种积极的心理动力，即内在动力，当它和实际需求结合在一起时，探究的欲望就会转化为具体的行动。随着人类生存空间外沿的不断扩展，从陆地到海洋，从天空到宇宙，人类的双脚已经踏在了宇宙的门槛，探究未知的本能将驱动人类毫不犹豫地向前迈进，并越走越远。

二、生产力发展与地球资源生存空间的矛盾

从人类社会发展的角度看，人类社会生产力持续发展的前进性与地球资源、生存空间的有限性之间的矛盾以及人类拓展生存空间的客观规律，决定了载人深空探测是必然的。人类在地球上生活了几百万年，从筑木为巢、掘地为穴里走出，住进了高楼大厦；从结绳记事，发展到一秒钟能进行数十亿次计算的电脑世界；从刀耕火种、茹毛饮血，到步入现代文明的殿堂；从嫦娥奔月的神话，到进入了登月探险的太空时代。面对这些变化，人们开始进行思考：人类走过了怎样的创造之路？其规律何在？马克思主义理论体系对人类社会发展的客观规律的阐述中指出，人类社会发展是在生产力和生产关系、经济基础和上层建筑的矛盾运动中，在社会基本矛盾的不断解决中实现

的。人类通过各种实践活动不断地解决社会基本矛盾，从而推动社会历史由低级到高级发展。

然而，人类社会发展的前进性与曲折性是并存的，是对立统一的。一方面，生产力的发展、人类对物质文化生活水平不断提高的需求推动着人类社会的前进；另一方面，人类现有资源与空间的有限性以及人口不断增长的趋势，造成人类每一个时期的前进过程中的阻碍，而反过来这种阻碍也促使了人类新的突破。如今，地球资源与空间愈发紧张，但人类前进的脚步却不会停止，人类社会发展的客观需求成为人类向宇宙进发的外在动力，使人类走向深空、殖民宇宙空间成为了必经之路。

图 1-2 为人类文明拓展生存空间示意图，从图中可以清晰看出人类社会的活动空间拓展历程是从陆地到海洋，从海洋到天空，从天空到近地宇宙空间，再从近地宇宙空间到月球，未来人类社会的足迹必将走向深空，以月球为起点，覆盖小行星、火星乃至太阳系。正如航天之父康斯坦丁·齐奥尔科夫斯基的名言：地球是人类的摇篮，但是人类不会永远躺在摇篮里。他们不断地争取着生存世界的空间，先是小心翼翼地穿过大气层，之后便去征服整个太阳系空间……

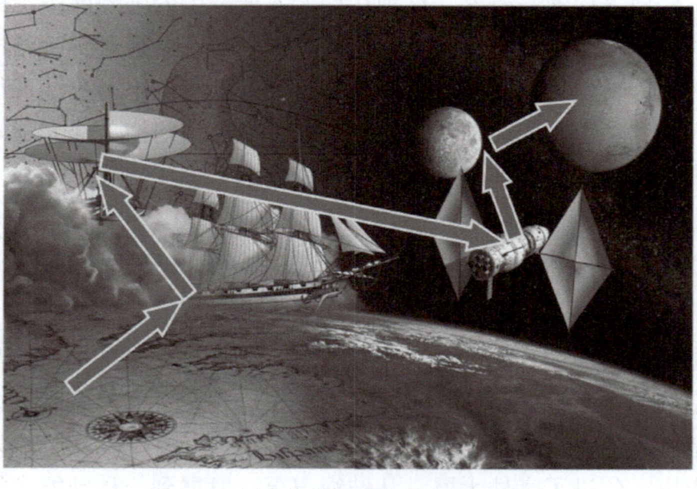

图 1-2　人类文明拓展生存空间示意图

人类发展历史也是人类不断向新领地殖民的历史，不难总结出其中的规律。第一步，前往一个全新的地域，往往只是个别探险家凭借个人或集体的智慧、胆识、能力以及外在的支持，进行短期的、有限的探索，获得该地域的基本情况，特别是有利于自身或集体利益的情报，如重要资源产地、交通要道或旅游胜地等；第二步，开始进行有限规模的开发，攫取资源，占据要道或开发短期旅游项目，居住人数也逐渐增加；第三步，根据当地情况进行大规模的殖民开发，建设人类宜居地。从这一规律可以看出，人类殖民宇宙空间，前期开展有限的有人参与深空探测任务，探索可能存在的宜居地是必经之路。

三、人类具有生物特性和智慧特性

从人类特性角度看，人类区别于机器的生物特性和智慧特性决定了载人深空探测任务是必然的。这里的人类特性主要是指人类区别于机器的生物特性和智慧特性。

由于人类探索宇宙空间的最终目的是实现人类殖民，因此人类能否在地外空间生存和活动是进行大规模移民活动前必须回答和解决的问题。这里具体包括四个问题：①人类和其他地球生命能否自如和长久地在目的地生存和活动；②人类和其他地球生命能够在目的地的极端生态环境下安全生活多久；③人类和其他地球生命在目的地安全和自如地生存需要什么样的条件保障；④人类与其他地球生命在地外天体上构建的生态圈能否持续稳定发展？为回答上述问题，深空探测活动就必须有人的参与，没有人的参与、仅靠生物特征参数是无法获得满意答案的，这是由人类的生物特性所决定的，也是其他生命体无法取代的。

在深空探测活动中，人的智慧性也是在相当长的时间内机器所无法替代的。任何仪器和设备都很难完全代替人类的直接观察和直接测量能力。特别是对一些自然现象的观察，人类具有特别的洞察力，远超出了仪器所能够具备的功能。美国 Apollo-17 号航天员在月球上发现了一种奇特的月球“极光喷泉”现象，如图 1-3 所示，实际上是带电月尘受激运动的结果。类似这样的现象在未知的情况下用仪器观测的结果可能是一闪而过而不留踪迹，或者即使留下影像也难以进行解释。只有航天员才有可能在现场及时发现，及时观测，根据感官体验，现场留下手绘的第一手资料并给予合理解释。此外，工程中有可能遇到的各种小的技术故障，如月面取样中的卡钻现象，在无人情况下，需要一系列繁复困难的地面遥控判断和指令传递，再经过月面取样系统的接收和处理，才有可能排除故障，而且还不能确保成功。对于深层取样这种复杂性现场操作，更需要人类智慧的加入。但是航天员用一只手就能解决这一问题，保证取样成功，所以说“一个人超过一个系统”。

从未来机器人及人工智能的发展角度来看，人机协同探测将是未来相当长一段时间内载人深空探测任务的主要特征。以人为主，以机为辅，充分发挥人机系统的优势，扩大深空探测活动的综合效益。

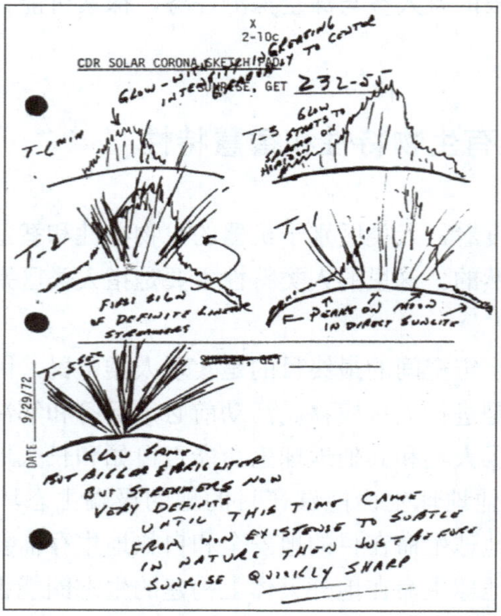

图 1-3　Apollo-17 号航天员手绘的月球“极光喷泉”现象

图片来源：Apollo program summary report, jsc-09423,April 1975.

四、抢占未来深空主动权和制高点

从国家与民族发展角度看，载人深空探测对国家未来抢占深空探测主动权和制高点有着不可估量的战略意义。探索太空虽然是一个漫长的过程，但面对目前激烈的太空竞争形势，世界各国都在以各种方式争先抢夺太空利益。联合国《关于各国探索和利用包括月球和其他天体的外层空间活动所应遵守原则的条约》（简称《外层空间条约》）和《关于各国探索和利用包括月球和其他天体的外层空间活动所应遵守原则的条约》（简称《月球协定》）规定各国在平等的基础上自由探索和利用月球，天体的所有地区均可自由进入，其实质是“先登陆者先得益”“先到达者先拥有”。未来星球探索的大门是否也会像核武器的大门一样不再向所有国家开放呢？因此，抢占深空探测领域的有利态势对国家可持续发展、民族繁荣昌盛具有重要的战略意义。

人直接到达探索目的地，并持续开展探索与展示等活动，对形成占领或归属地既成事实有着标志性的重要意义。反之，只有偶尔、断续或无人探索活动对于后续可能的主权期望而言是远远不够的。回顾人类发展历史，例证比比皆是。英国的海上探险史也是英国的殖民扩张史，每到一处，无不树国旗、建营地、设港口，为占领造成既成事实，若有破坏则坚船利炮“师出有名”；郑和下西洋是中国古代著名的外交与探险活动，尽管没有像英国那样巧取豪夺他国之地，但留下了大量遗迹和当地人的良好口碑，为子孙后代开辟“海上丝绸之路”以及当今中国在该地区的外交主动权打下良好基础；当中国探月工程将要实现“落月”任务之际，美国国家航空航天局（National Aeronautics and Space Administration，NASA）提出 Apollo 号在月球上的遗迹被视为“美国政府财产”，具体守则面向他国月球发射探测器的私人团队或国家，该举措背后的目的昭然若揭。

1967 年生效的《外层空间条约》明确“禁止各国占有包括月球在内的其他天体，禁止各国在包括月球在内的其他天体上划定领土”。当年，美国是第一批签署条约的国家之一。不过如今，随着美国商业航天企业的兴起，以美国月球捷运公司为代表的一批私营公司提出申请，拟在 2017 年派遣一批登月飞行器登陆月球，美国政府已着手加紧制订临时法规，有文件显示美国企业今后或许可以借助一套太空发射申请手续开发月球并在月球上划定自己的领地。这样美国政府虽不会明确要求登陆月球的企业“宣称领地”，但会以保护企业财产及人员为由，警告其他企业不要进入“别人的领地”。这等同于变相认可已登陆月球企业自行划出自己的“领地”。因此，美国的这种绕开国家转而鼓励本国的商业太空企业在月球上“宣称领地”的行为，必须引起我们的高度关注。上述实例可见，人前往目的地开展持续性、有计划的探测任务，对国家未来抢占深空探测主动权有着不可估量的战略意义。

五、战略性科技工程引领带动作用

从科学和技术发展角度看，载人深空探测工程在各国都属于国家级的重大科技工程项目，在带动科学研究和工程技术发展方面具有重要的战略意义。我国在《国家中长期科学和技术发展规划纲要（2006—2020 年）》确定“载人航天与探月工程”国家科技重大专项，实现了重点突破，成就显著。载人航天工程研制了“天宫一号”飞行器和“神舟八号”“神舟九号”

“神舟十号”载人飞船，成功实现三次交会对接，使我国成为第三个掌握空间交会对接技术的国家。同时研制了“天宫二号”空间实验室、“神舟十一号”载人飞船、“长征七号”运载火箭和货运飞船，完成了空间实验室任务的各项准备以及空间站方案研制和关键技术攻关。“嫦娥三号”首次实现中国航天器地外天体软着陆与巡视勘察，“绕、落、回”战略第二步目标全面实现。月地高速再入返回工程发射成功，实现深空探测能力的重大技术跨越。随着这些工程任务的实施，我国在月球/行星、科学、航天医学微重力科学、空间基础物理、空间材料科学、空间生命科学方面也取得了显著成效，带动了我国空间技术和空间科学的迅速发展。

载人深空探测是开展基础科学研究的重要途径，作为空间科学研究的最高手段，将持续推动人类在太阳系的形成和演变、生命的起源等重大科学问题上的研究突破，促进物理学、天文学、行星学、生物学等基础学科的快速发展和交叉、渗透，形成新的交叉学科分支，将极大地促进我国基础科学的发展，取得革命性原创性成果，为人类认知客观世界做出独特的贡献。在载人深空探测任务的带动下，还需着重开展与人相关的深空活动、地外生存等新兴科学问题的研究，其成果可有效推动空间生物科学、航天医学等技术的飞跃式发展；在低重力/微重力、空间辐射环境下对生命科学、基础生物学、受控生态技术的研究，可以为治疗人类的疾病提供更多的机会。因此，载人深空探测为基础科学研究提供了一个更加广阔的平台，对引领科学研究发展，推动科学进步具有战略意义，对我国航天事业从仿制到原创、从航天大国发展为航天强国具有里程碑式的意义。

总之，“人的存在”使得载人深空探测任务在工程技术难度上较之无人深空探测任务又提升了一个台阶，围绕“去、登、驻、用、回”几个方面的技术问题涉及领域广、技术难度大、建设周期长、投资规模大。需要开展重型运载火箭、载人深空飞行器等新型进出空间系统的研制，突破新能源、新动力、新材料、新型探测载荷、新型航天服、长周期任务生命保障等众多关键技术，以及新工艺、新试验等产品研制和制造核心技术。更高效、更安全、更经济的技术能力要求对工程技术的发展形成了新的牵引，将推动我国迈向航天事业新的领域，走向未知空间，战胜遥远距离、极端环境条件的挑战，实现我国航天技术新的跨越。同时一系列新技术、新工艺、新材料的研究成果可向国民经济进行推广和转移，将产生长期的收益，符合我国提出的“创新、协调、绿色、开放、共享”的发展理念，对建设创新型国家，实现中华民族伟大复兴的中国梦将做出巨大贡献。

第三节 载人深空探测的发展原则

一、载人与无人深空探测任务的差异

载人深空探测与无人深空探测相比，最大的区别在于人的存在，人的出现使得载人深空探测与无人深空探测在很多方面存在巨大差异。

（一）有人类航天员直接参与的任务，空间生命科学成为关键问题

与无人深空探测相比，载人深空探测任务最核心的系统是人，人是一种有机生命体，人的加入使得对空间生命科学的研究显得十分关键。为保障航天员在深空探测任务中的健康与安全，载人深空探测就必须关注与人有关的环境、生物、心理、生理健康与治疗等问题，这就涉及空间重力生物学、空间辐射生物学、空间微生物学、空间生理学、心理学与航天医学等方面的科学问题与技术研究。无人深空探测任务可以为载人深空探测任务进行先期验证，但对于以保障航天员生命安全为第一要旨的载人深空探测任务而言，空间生命科学的重要性甚至超越了其他科学技术问题。

（二）人类智慧的加入使得行星科学认知能力更强

无论是载人深空探测还是无人深空探测，对于月球以及行星科学的研究都是一项重要的科学目标，主要包括天体形貌、表面环境、地质构成、物质组成与分布等。人的参与使得航天员可以在各种探测作业活动中充分发挥智能优势，人可以利用自己的观感，综合各种信息，在很短的时间内对观测到的事物做出判断。登陆地外天体，人可以立即直观地感受到星体表面的各种特征，如光、色、形等性质，如土壤是否松软、地势是否起伏等。特别是对一些自然现象的观察，人类具有特别的洞察力，远超出了仪器所具备的功能。经过培训的航天员可以识别岩性、地层关系、构造特征等，可以测量地层关系（地层倾向和走向等），可以有选择性地进行多点采样，灵活地完成复杂未知环境下的探测任务。在美国 Apollo 登月任务中，航天员驾驶月球车的行驶范围和探测距离，采样样品的品种和数量，都大大超越了无人月球探测任务的能力。

此外，人的参与可以使航天员在各种探测任务中充分发挥智能优势，通过人机联合作业等多种方式可以高效地完成无人深空探测任务中难以完成的繁复的工作，并且可以根据实际需要完成主动的科学实验任务，如安放主动

月震、深层钻取采样等，有人类航天员的直接参与，还可以维修更换故障的或寿命到期的仪器设备，这对于长周期的探测任务（如月球基地任务等）是不可或缺的能力。因此，人类智慧的加入，将会大幅度提升人类对月球/行星的认知能力。

（三）人类航天员的加入使得飞行器的质量和体积规模显著增加，技术难度大幅度提升

飞行器是实施载人深空探测任务的直接载体。无人深空探测任务主要是在飞行器平台搭载相关的有效载荷，实施规定的飞行探测任务，一般飞行器的质量规模较小，在1～10吨范围内。而对于载人飞行器，在时间和空间维度都需要考虑人员因素，需设置密封舱，携带环控生保系统和食物等资源来满足人员生存需求；需要配备高比冲、大推力推进系统来缩短任务周期，降低风险；需要先进的制导、导航与控制技术来满足高精度星体表面着陆的需求；需要先进的防热结构和回收系统来满足大载荷高速再入和精确着陆的需求等；同时还要考虑整个任务过程中的安全性问题。因此与无人深空探测相比，载人飞行器不但质量体积规模是无人飞行器的数倍或者十数倍，相关技术水平也较无人飞行器呈现跨越式提升，如图1-4所示。

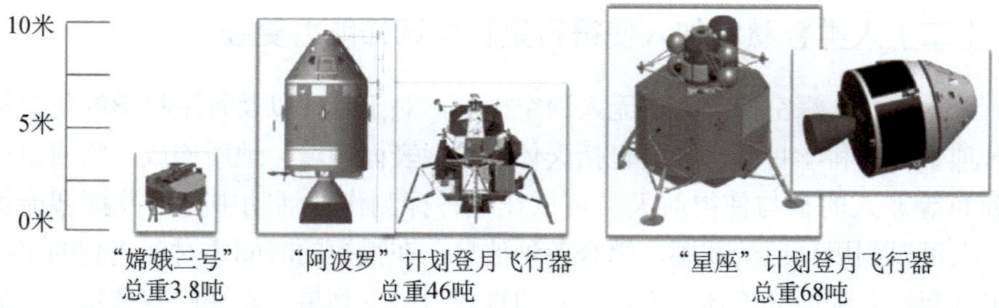

图1-4　载人登月飞行器与无人月球探测飞行器对比示意图

（四）载人任务使用的运载火箭运载能力、安全性可靠性要求更高

进入空间的能力是实施深空探测任务的基本保障，无人深空探测任务对火箭运载能力的要求一般较低，近地轨道发射能力一般不超过25吨。有人任务与无人任务相比，由于载人飞行器的质量规模大幅度增加，导致对运载火箭的能力要求大幅度提升，载人深空探测任务对于近地轨道的运载能力一般要求在百吨级以上，例如美国的土星-V重型运载火箭。重型运载火箭的研制对大推力低温火箭发动机、大型箭体结构的加工制造等关键技术提出了更高

要求。同时由于有人的参与，载人登陆地外天体的飞行模式变得复杂，发射次数多，对于载人运载火箭的安全性和可靠性提出了更高的要求，对回收及落区的精度和着陆冲击载荷等要求更高。此外，组织货运运载火箭及载人运载火箭的地面发射保障要求高密度发射任务间隔短，“零窗口”发射要求高，工程精细组织实施难度远大于无人深空探测任务。图 1-5 为“长征五号”运载火箭与美国“土星五号”及“战神五号”重型运载火箭对比示意图。

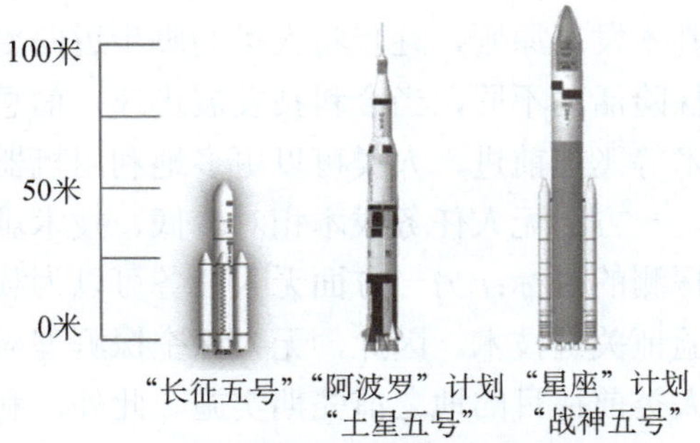

	长征五号	土星五号	战神五号
最大直径	5米	10米	17.4米
起飞重量	867吨	2946吨	3705吨
起飞推力	1078吨	3472吨	5352吨
LEO运载能力	25吨	120吨	188吨

图 1-5 “长征五号”运载火箭与美国重型运载火箭对比示意图

总体而言，与无人深空探测任务相比，在科学研究上，载人深空探测任务涉及领域更广、科学问题更加突出，可以有效带动行星科学、生命科学等诸多学科的研究；在工程技术上，载人深空探测任务难度更大、要求更高，对科学技术的带动性更强。因此可以说：载人深空探测是一项复杂的国家战略科技工程，技术难度和投资规模都巨大，建设周期也长，其战略意义将远远超越以往几乎所有的航天重大科技工程。

二、载人深空探测发展原则

航天技术经过数十年的发展，目前人类的双脚也只是踏足地月轨道空间，依托载人飞船、空间实验室或空间站开展小规模的载人活动，若将浩瀚宇宙比作汪洋大海，目前人类尚未站稳“海边的浅滩”。目前仅有美国在 20 世纪 60～70 年代实施了 6 次 Apollo 载人登月任务，去过数次月球这一“岸边的礁石”，开展了数次无人火星探测任务，人类的触角刚刚染指火星这一“近海的小岛”，面对无垠的宇宙就像当年人类刚刚学会制造木筏一样，若想实现自由航行，仍然需要一个漫长的过程。

因此，人类探索太空应脚踏实地，充分发挥工业革命、信息时代所积累的技术基础，循序渐进地开展太空探索与实践，即坚持“以有人参与为目的，先期开展多项无人深空探测任务，将无人与载人深空探测任务融合发展，逐步突破核心关键技术，带动科学技术的跨越式发展”，这是人类探索宇宙、走向深空的基本发展原则，逐步将人类的脚步迈向更深远的空间。

与传统的人类探险活动不同，当今科技发展迅速，信息技术、纳米材料技术、人工智能技术等飞速前进，人类可以更多地利用机器或机器人完成早期目的地探索任务。一方面无人任务成本相对较低、技术难度较小，有限的次数即可达到初期探测的目标；另一方面无人任务可以为载人深空探测任务积累目的地信息，验证关键技术。因此，无人深空探测理应作为人类迈向深空的先导任务，在人类前往目的地之前先期实施。此外，利用机器或机器人可完成较危险的探索任务，如探索岩洞、深谷等，除了在无人深空探测任务中实施以外，还可以与航天员联合开展探测任务，充分发挥各自的优势，从而提高任务的灵活性与安全性。载人深空探测任务的显著特点是人机联合、探测和作业、优势互补，以达到人-机系统综合效益最大化。

第二章 载人深空探测发展现状和发展趋势

第一节 国外发展现状

一、总体概况

在 20 世纪 60～70 年代“冷战”国际形势下，美国和苏联以载人登月为目标开展的太空竞赛可视为载人深空探测的起点。美国的 Apollo 载人登月计划取得了成功，在航天工程项目组织实施上和月球科学试验及探测考察上都收获颇丰；而苏联的“N1-L3”计划由于 N1 火箭 4 次试验飞行均告失败，不得不在美国率先实现载人登陆月球后取消登月计划。Apollo 计划后，世界载人航天活动基本集中在近地空间，美国建成了试验性空间站并成功研制运营了航天飞机，苏联则研制发射了“礼炮号”“和平号”两代载人空间站。当前，以美国、俄罗斯为首，多国联合建造的“国际空间站”（International Space Station，ISS）已成为载人深空探测关键技术的重要验证平台。

（一）美国

2004 年美国提出“空间探索新构想”计划，目标是重返月球，之后逐渐演化为“星座”载人登月计划，2010 年奥巴马政府上台后中止了“星座”计划。随后，美国对其载人航天发展战略进行了慎重审视和重新规划，逐渐确立了以火星为太阳系内载人深空探测远景目标、载人小行星探测为重要过渡、近地轨道载人任务商业化的发展路线，并得到国会支持。美国国家航空航天局（National Aeronautics and Space Administration，NASA）决定优先发展新一代载人飞船和重型运载火箭两大关键系统，并将国际空间站延寿至2024年，此外政府支持多家私营公司成为近地轨道载人任务的核心力量。从已公开的规划来看，NASA计划2025年前后执行首次人类访问近地小行星任务，2035年前后实现载人环绕火星飞行或登陆火星卫星，2040年前后实现载人登陆火星。

（二）俄罗斯

苏联时期曾把月球作为探索太空的一个重点，近期随着主要航天国家和组织不断推进载人深空探测，俄罗斯逐渐明确后续载人航天发展将以近地轨道空间站、载人登月和载人火星探测3个方向为重点：计划2025年前后实现载人登月，2032年前在月球建立长期考察站，2035年以后实施载人火星探测并建立针对小行星的防御保护系统。2009年起俄罗斯陆续开展了两次载人火星探测大型地面模拟试验，研制了新一代载人飞船和新型运载火箭，建设了本土发射场。2015年1月俄罗斯宣布合并联邦航天局与联合火箭航天集团，后续将持续推进俄航天工业领域的改革。但是俄罗斯的载人深空探测发展战略易受到国内外政治经济环境的影响，存在一定的不确定性。

（三）其他地区

2004年2月欧洲航天局（European Space Agency，ESA）宣布独立实施"曙光"载人深空探测计划，主要目标是建立包括无人及有人的太阳系长期探测计划，并搜寻地球以外的生命痕迹。日本宇宙航空研究开发机构（Japan Aerospace Exploration Agency，JAXA）于2006年确立了2030年建立有人月球基地的目标。印度在2009年提出了载人月球和火星探测计划，2013年11月5日成功发射"曼加里安"（Mangalyaan）火星探测器，并于2014年9月24日成功进入预定火星轨道并顺利发回火星画面，2014年在低温发动机方面取得重大进展并验证了无人乘员舱再入，正积极发展本国载人航天技术。从2006年起，NASA、ESA及其他12个国家的航天机构（包括中国）成立国际空间探索协调组织（International Space Exploration Coordination Group，ISECG），2013年发布《全球探索路线图》进行全球空间探索规划和协调，目前已确定立足国际空间站以地月系统为起点，推动无人和载人火星探测的可持续性探索方案。图2-1为国外载人深空探测任务发展路线。

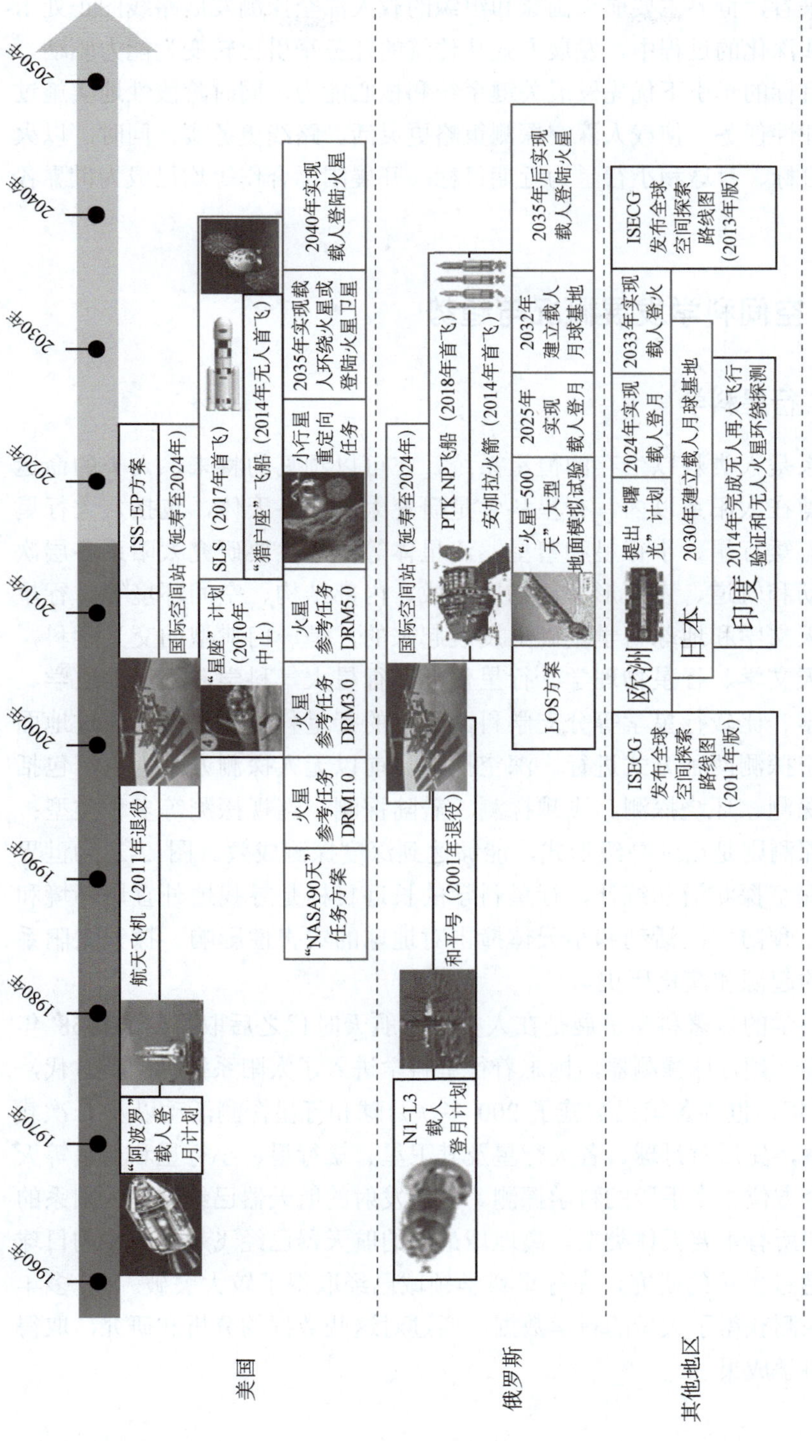

图2-1 国外载人深空探测任务发展路线

注：□ 已经完成或者中止的任务 □ 正在规划或实施的任务

总体来看，世界主要航天国家和组织的载人深空探测发展路线图正处于不断清晰和深化的过程中，发展方式从传统的任务牵引已转变为能力驱动，即在远景目标的牵引下优先发展关键系统和核心能力，同时阶段性地实施过渡性及验证性任务，使载人深空探测策略更灵活、路线更务实；同时，以火星为远景目标、月球和小行星为近期目标、开展国际合作等均已成为世界各国的共识。

二、空间科学发展概况与趋势

(一)行星科学

太阳系是人类赖以生存的恒星系统，在可以预见的将来，人类的命运仍将被束缚在太阳系以内。行星科学是研究太阳系各天体，包括八大行星及其卫星、矮行星、小行星和彗星、流星体等。它主要研究太阳系各层次天体的运动和轨道、表面形貌、物质组成、内部结构、空间环境等。行星科学是在天文学和地球科学基础上发展起来的，是一门典型的交叉学科，包括行星天文学、行星物理学、行星化学、行星大气科学、行星地质学、行星生物学、比较行星学等分支学科。当前的行星科学研究主要通过地面观测和深空探测两种方式进行。深空探测目前以无人探测方式为主，包括地基轨道探测、环绕探测、飞越探测、着陆探测、巡视探测等多种类型；载人深空探测则是后续高级形式，能够达到深度探测成效。图 2-2 为世界主要国家深空探测活动统计，行星科学的长远目标是寻找地外宜居环境和生命信号、预防太阳活动和小天体撞击对地球的灾害性影响、探究太阳系及其行星的起源和演化历史。

行星科学的显著科学进展是在人类进入航天时代之后取得的，1958 年美国发射第一颗月球探测器，标志着行星科学进入了太阳系探测的新时代，截至 2015 年，世界各国已实施了 200 多次月球和行星探测活动以及 6 次载人月球考察，先后对月球、各大行星及其卫星、矮行星、小行星和彗星等天体进行了全方位、多手段的科学探测。人类发射的航天器已经抵达太阳系的各个角落和所有主要天体类型。离地球最远的航天器已经飞越太阳系的日球层边界。通过多年的研究，在行星科学领域已经取得了较大突破。60 多年的太阳系探测获得了大量的科学数据，通过对这些数据的分析和研究，取得了丰硕的科学成果。

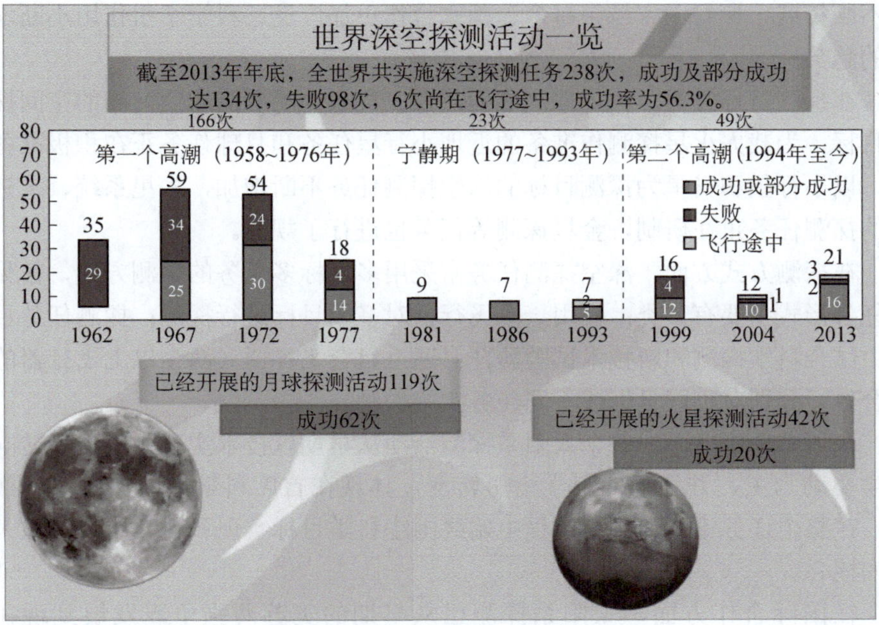

图 2-2 世界主要国家深空探测活动统计

从 20 世纪 60 年代的 Apollo 载人登月计划开始，人类通过大量的观测和月球实地考察，获取了丰富的月球科学数据，形成了对月球的基本认识。2007～2014 年，世界各国共实施了 8 次无人月球探测任务，获得了大量的月球科学探测数据，这些数据的覆盖性、空间分辨率、测量灵敏度等重要指标显著提升，基本覆盖了高能、紫外、可见光、红外、微波、无线电等探测波段，并针对月尘、大气、极区水资源、重力场等关键科学问题进行了重点研究，通过对这些探测数据的相互对比加深了人们对月球起源和演化过程的认识。

近年来，火星探测逐渐成为无人深空探测的热点目标，多次探测结果表明，火星上存在小天体撞击形成的巨大撞击坑和洪水冲刷的痕迹；火星在历史上曾有足够的内部热能、内禀磁场，并可能有局部板块活动；火星表面曾经存在过液态水体的活动，并存在过河流、湖泊和海洋；火星有过适宜生命繁衍的温度，并有可能孕育过生命等。后续的火星/行星科学探测的重点是火星气候、火星生命、火星地质等。总体来看，国际上持续开展了对月球、火星、金星、水星、小行星、彗星、巨行星等目标的探测，呈现出探测距离由近及远、探测对象多元化、探测方式多样化、探测内容不断细化、探测手段不断拓展、参与国家越来越多、国家合作更加广泛、科学牵引作用不断增强的趋势。

在探测目标方面，火星探测成为热点，载人火星探测成为前沿的空间探索目标，为载人火星探测作准备的近地小行星任务和月球任务正在积极准备中，以小行星和彗星为探测目标的深空探测任务不断增加，木星系统、水星等的探测任务正在研制，金星探测等任务也进行了规划。

在探测方式方面，深空探测任务常采用多目标多任务的探测方式，常见的任务形式主要有三类：使用一个飞行器对多个目标进行探测；探测任务目标中结合科学探测和新技术试验验证；通过组合飞行器（两个以上飞行器的组合体）分别对不同目标或不同任务实施探测。

在科学牵引方面，整个太阳系探测活动从早期以技术实现为主，已转向科学驱动为主，并逐渐向科学牵引转变，体现在首席科学家的作用逐步加强，在整个任务论证和实施过程中始终围绕科学目标实现和科学成果的最大化为核心。

在国际合作方面，太阳系探测已从早期的美苏两强争霸发展到现在美、中、俄、日、印、欧群雄逐鹿，其余各国跃跃欲试，更大的任务规模和经费投入、更难的技术挑战和人才需求，使得任何一国独立承担风险加大，势必要通过国际合作分担经费、责任和风险，实现人才和技术的高度融合。

未来行星科学领域主要关注的科学问题是太阳系的起源和演化问题、地外环境和宜居环境问题、行星的起源和演化问题三个重要方面。

（二）空间生命科学

自 1961 年人类进行首次载人空间探索开始，空间生命科学就逐渐发展并成为空间科学的一个重要分支，属于空间科学与生命科学的交叉学科，同时也是生命科学在空间特殊环境下的拓展和延伸。世界各航天大国/组织在其空间战略中均提出了空间科学的指导性规划，并在广泛动员科技界深入研究的基础上，不断制订和修订了空间生命科学领域的具体计划。尤其是近十年来，各空间大国和组织均将“空间生命科学”确定为十大重点发展的学科之一。空间生命科学的研究成果支撑着人类空间探索的深入发展。空间生命科学主要涵盖航天医学基础、空间基础生物学、宇宙生物学等领域，如图 2-3 所示。

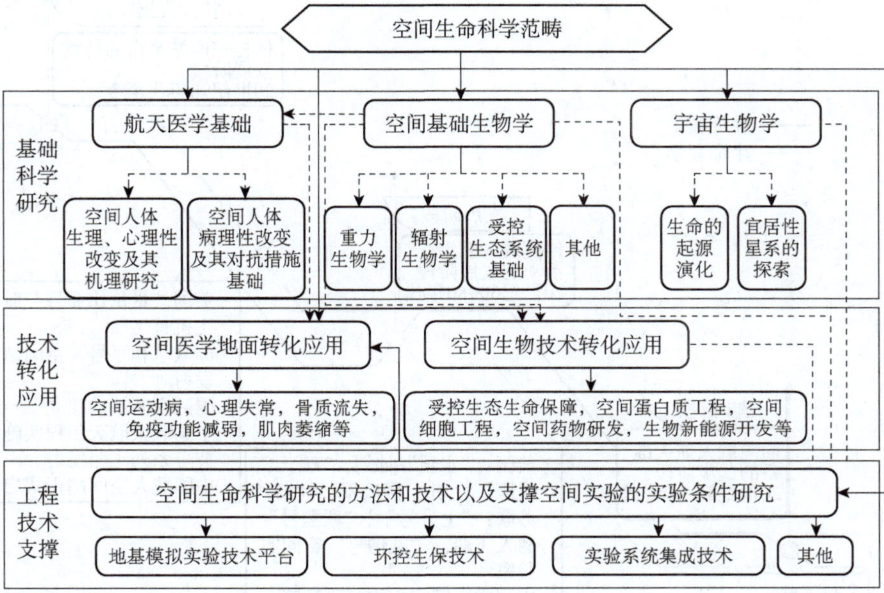

图 2-3 空间生命科学的学科范畴

空间生命科学的诞生与发展和人类真正进入空间环境、实现飞天梦直接相关。因此，在其半个多世纪的发展历程中，每一步都与世界各国的空间计划息息相关。国际空间生命科学研究起始于 20 世纪 40 年代，成形于 60 年代初。依托人类航天活动的空间飞行平台，结合不同重大计划对生命科学的任务需求和科学目标，大致可以将空间生命科学研究的发展历程分为 3 个主要阶段，如图 2-4 所示。

1. 面向载人航天准备的起步阶段（20 世纪 40～60 年代初）

空间生命科学的起步阶段开展的工作包括对空间特殊环境的初步认识与探索，空间微重力等环境因素对人类和其他生命的效应，发现服务于载人航天的基础生命科学问题三个方面。大量的研究及其成果揭示了空间环境中多种因素的生物学效应，丰富和深化了人类对于生命现象的认识，支撑了人类的首次载人空间飞行，并为后续发展奠定了坚实基础。

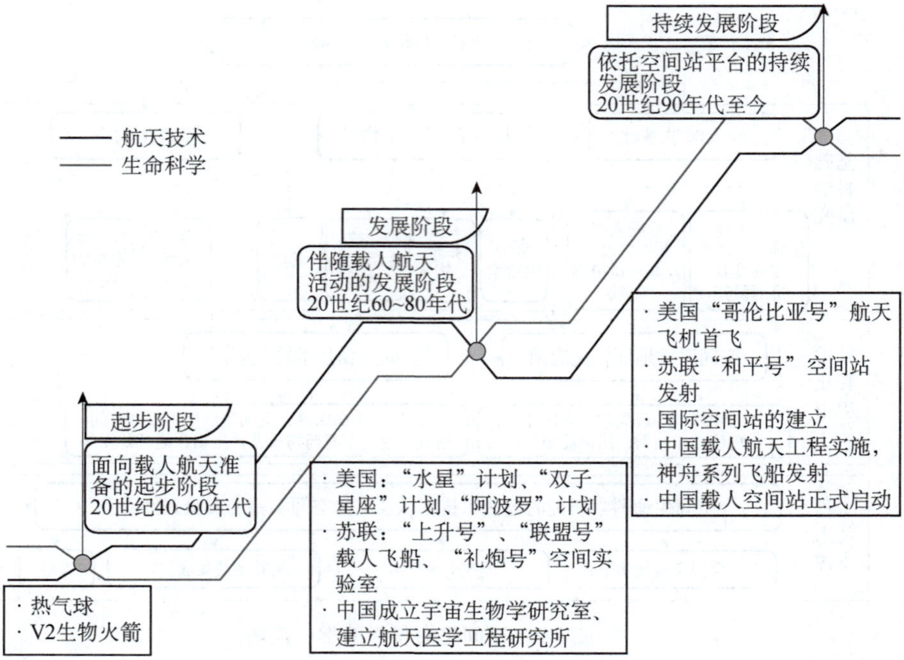

图 2-4　空间生命科学的发展历程

2. 载人航天活动取得重大突破的发展阶段（20 世纪 60～80 年代）

该阶段是空间技术与应用大发展的阶段，同时也是空间生命科学的快速和蓬勃发展阶段，是人类载人航天取得重大突破的阶段。随着美国的“水星”计划（Mercury，1959～1963 年）、“双子星座”计划（Gemini，1961～1966 年）、Apollo 计划（1961～1972 年）和苏联的“东方号”（Vostok，1960～1963 年）、“上升号”（Voskhod，1964～1965 年）、“联盟号”（Soyuz，1967 年至今）载人飞船等载人航天计划的相继实施，载人航天在世界范围内掀起一股热潮，英国、法国、日本、德国等发达国家乃至一些发展中国家，都各自公布了自己的空间发展计划，这给空间生命科学的迅猛发展带来了良机。空间生命科学研究肩负着深化认知空间生命现象和支持载人航天事业持续发展的双重责任，其研究范围已经从初期的探索地球生物进入外层空间可能遭遇的极端环境下的效应观察，向科学本身知识体系和学科发展进行转变，逐步形成了航天医学、空间重力生物学、辐射生物学、生理学、微生物学、遗传学、分子细胞生物学、生物力学以及空间生物技术等各个分支学科，形成了空间生命科学的完整体系。

3. 利用空间站平台开展大规模实验研究的持续发展阶段（20 世纪 80 年代至今）

1981 年 4 月 12 日美国“哥伦比亚号”航天飞机首飞是空间生命科学发展第三阶段的起始标志点，1986 年 2 月 20 日苏联“和平号”空间站发射升空，1998 年 11 月 20 日国际空间站核心舱段——“曙光号”成功升空是另一重要标志点。这些大型的空间实验基础设施平台的建设与应用，为空间生命科学研究提供了前所未有的实验条件。人类已利用航天飞机、“和平号”空间站、国际空间站等平台实施了大规模的空间生命实验研究任务，取得了一系列重要成果，标志着空间生命科学迈入健康持续发展的新阶段。

在国际空间站上用于开展生物医学、基础生物学、生物技术等研究的各种实验装置代表了当前国际空间生命科学实验设备与技术的发展水平。专用实验平台的主要技术发展呈现出采用标准统一的规范化设计、系统保持良好的兼容性和持续的先进性、先进的观测测量设备与分析技术等趋势。在 NASA 提出在 2030 年前后实现载人登陆火星的战略目标之后，面向载人火星探测的空间生命科学研究是该阶段的主要发展方向。

三、工程技术发展状况与趋势

（一）载人月球探测

1. Apollo 登月计划

20 世纪 60～70 年代，美国组织实施了 Apollo 载人登月计划。Apollo 计划于 1961 年 5 月启动，至 1972 年 12 月第 6 次登月成功结束，历时约 11 年。除 Apollo-13 外，Apollo-11～Apollo-17 等 6 个登月舱均成功软着陆月面，共有 12 名航天员安全着陆月面并返回地球，月面停留时间总共 280 小时，行进总里程达到 100 千米，带回地球的月球样品总重为 382 千克。Apollo 计划详细地揭示了月球表面特性、物质化学成分、光学特性，并探测了月球重力、磁场、月震等，是迄今为止全世界最庞大的航天计划，如图 2-5 所示。

工程初期首先执行了 3 项重要的无人月球探测计划，分别为“徘徊者”

图 2-5　Apollo 载人登月计划

资料来源：Remembering The Giants，NASA

探测器计划、“勘探者”探测器计划和“月球轨道器”计划，共发射了 21 颗无人月球探测器，用以验证关键技术、探测月球环境。

Apollo 登月任务采用人货合运的“一次发射直接奔月”飞行模式，充分利用了当时“土星 5 号”运载火箭的能力，登月飞行器系统由载人飞船指令舱、服务舱和登月舱组成，长约 18 米，重约 46 吨。

“土星 5 号”最大直径 13 米，全长（总高）111 米，总共有三级，起飞质量 2930 吨，近地轨道运载能力约为 120 吨。

载人飞船指令舱是航天员在飞行中生活和工作的座舱，也是全飞船的控制中心。外形为钝头体，总重约 6 吨（包括航天员），可以支持 3 名航天员 14 天的飞行任务，乘员总活动空间达到 6.17 米^3。锥体头部为前舱，安置着陆回收设备和部分姿控发动机等。大底周边为后舱，装有部分姿控发动机、各种仪器和贮箱，还有姿态控制、制导导航系统以及船载计算机和无线电分系统等，使用常规推进剂。航天员舱为密封舱，安装有 3 部乘员座椅。底部为烧蚀防热材料，返回时采用跳跃式再入方法，着陆采用群伞系统减速。

载人飞船服务舱前端与指令舱对接，为载人飞船提供能源与动力支持以及发动机所需的推进剂，后端有推进系统主发动机喷管。舱体为圆筒形非密封舱，总重约 30 吨。安装了 1 台 97.5 千牛主发动机和 16 台 445 牛姿控发动机，使用常规推进剂。主发动机可多次快速启动和关闭，用于飞船的机动飞行。Apollo 载人登月飞船外形示意如图 2-6 所示。

图 2-6　Apollo 载人登月飞船

资料来源：www.NASA.gov

Apollo 登月舱的主要任务是将两名航天员从月球轨道上送到月面，支持月球上的探测活动和各项科学实验，并运送航天员和所采集的月球样品返回至月球轨道上等待的飞船。登月舱由上升级和下降级组成，总重 16.5 吨，可以支持 2 名航天员月面停留 7 天，乘员活动空间达 4.5 米^3。上升级为登月舱主体，安装有导航、控制、通信、生命保障和电源等设备，使用 1 台 15.6 千牛恒定推力常规发动机和 16 台 445 牛姿控发动机。下降级是登月舱的无人部分，负责在登月舱下降过程中提供减速、机动和着陆缓冲支撑等功能，使用 1 台 44.5 千牛、10∶1 大变比的常规挤压式发动机，并与上升级共用 1 套姿控系统。整个登月舱由 4 根可收缩的悬臂式着陆腿支撑，通过铝蜂窝材料的变形来实现缓冲吸能，在轨飞行期间着陆腿处于折叠状态，月面下降前在轨展开。最后三次任务均使用了 1 台电驱动四轮载人月球车（lunar rover vechicle，LRV）为航天员完成远距离的月面探测任务提供便利。Apollo 载人登月舱外形示意图如图 2-7 所示。

图 2-7　Apollo 载人登月舱

资料来源：www.NASA.gov

Apollo 计划中有 6 次任务获得成功，月面着陆区域集中在月球正面低纬度。除 Apollo-13 任务外均实现了月面软着陆，其中，Apollo-12 是首次精确定点着陆任务，以“勘探者”3 号无人月球探测器为目标，着陆误差仅为 0.163 千米。Apollo 计划月面着陆点分布如图 2-8 所示。

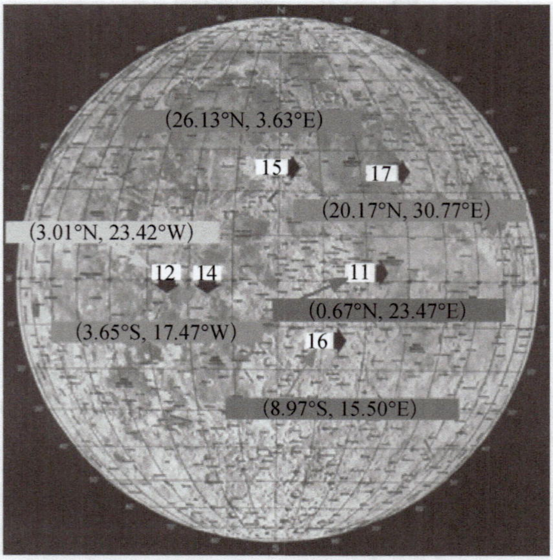

图 2-8　Apollo 计划月面着陆点分布

资料来源：www.NASA.gov

2. N1-L3 登月计划

苏联于 1964 年 8 月 3 日提出 N1-L3 载人登月计划，要赶在美国 Apollo 登月成功之前把苏联航天员送上月球并安全返回。但由于研制过程中 N1 火箭的 4 次试飞均告失败，1976 年 2 月苏联宣布取消了 N1-L3 载人登月计划。

N1-L3 计划采用了与 Apollo 计划相同的直接奔月飞行模式，N1 重型运载火箭的主要任务是将 L3 组合体飞船（绕月飞行器 LOK 和登月舱 LK）送入环月轨道，其中 Block A、Block B、Block C 把 L3 组合体飞船送入地球轨道；Block G 执行地月转移加速任务，把 L3 组合体飞船送入地-月转移轨道；Block D 执行地月飞行中途修正、近月制动、登月舱 LK 下降着陆大部分的制动减速任务。

N1 运载火箭起飞质量为 3080 吨，起飞推力达 4620 吨，近地轨道运载能力约为 100 吨，采用了光杆、五级的构型方案，如图 2-9 所示，各级均使用液氧/煤油推进剂。一子级 Block A 由 30 台 NK-33 发动机捆绑组成，一子级为中心 6 台，周围 24 台发动机；二子级 Block B、三子级 Block C、四子级 Block G 和五子级 Block D 分别使用了 8 台、4 台、1 台、1 台液氧煤油发动机。整个火箭呈锥形，一子级最大箭体直径达到 17 米。如图 2-10 所示为 N1 火箭研制试验资料图。

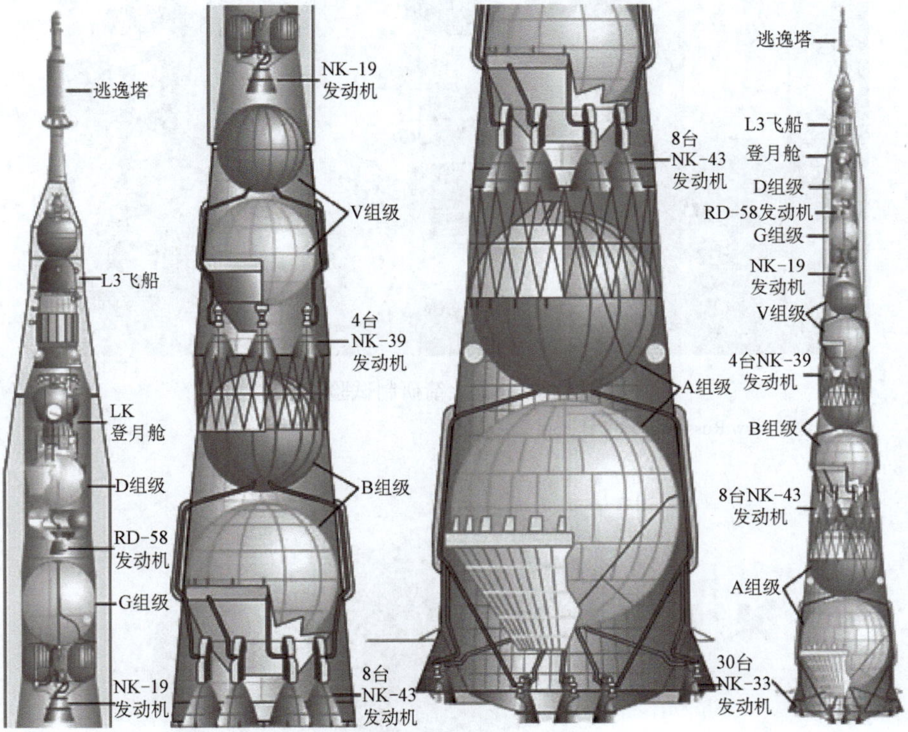

图 2-9 N1 火箭系统方案图

资料来源：www.Russiaspaceweb.com

绕月飞行器 LOK（图 2-11）基于早期联盟飞船改进，由生活舱、再入舱和仪器-发动机舱共三部分构成，总重 9.85 吨，可支持 2 名航天员 13 天的飞行任务。生活舱由对接机构、生活舱发动机系统和生活室三部分组成。再入舱是在“联盟号”飞船返回舱的基础上改进的，为适应第二宇宙速度返回工况加厚了防热大底的厚度；除了在再入舱的顶部有舱口盖外，再入舱的侧面还有另一个舱门，以实现航天员直接进行出舱活动；再入舱设有备用降落伞，在再入时如果主伞发生故障不工作，两名航天员将从侧面的舱门跳伞。

图 2-10　N1 火箭研制试验

资料来源：www.RussianSpaceWeb.com

图 2-11　LOK 绕月飞行器

资料来源：www.RussianSpaceWeb.com

LK 载人登月舱如图 2-12 所示采用单舱构形，总重 5.56 吨，可支持 1 名航天员在月面停留 3 天。在登月舱下降过程中提供主减速动力的是 N1 火箭的 Block D 级，LK 登月舱自身携带 1 台变推力 Block E 发动机作为主发动机、1 台常推力发动机作为备份，只负责在下降段末期提供机动能力及较少的减速动力。月面任务结束后，密封舱与着陆月面装置脱离，LK 登月舱 Block E 发动机再次点火，作为上升动力使用。登月舱主发动机通过工况叠加形成 6.4∶1 的变推能力。

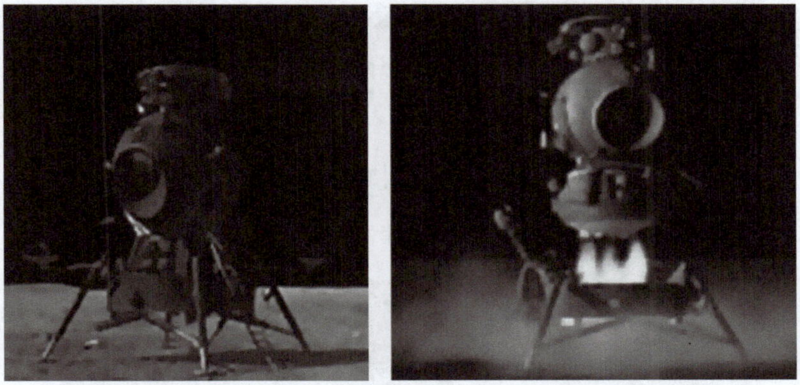

图 2-12　LK 载人登月舱

资料来源：www.RussianSpaceWeb.com

3. “星座”计划

2006 年，NASA 公布了“重返月球”计划，2009 年正式更名为“星座”计划，以实现重返月球、建立载人月球基地，并最终实现载人登陆火星的战略目标。但奥巴马政府于 2010 年中止了“星座”计划。

“星座”计划采用人货分运的“近地轨道一次交会对接”飞行模式，即“猎户座”（Orion）载人飞船和“牵牛星”（Altair）月面着陆器分别由“阿瑞斯 1”（Ares Ⅰ）和“阿瑞斯 5”（Ares Ⅴ）火箭发射进入近地轨道并对接，利用地球出发级（Earth Departure Stage，EDS）进入地月转移轨道，如图 2-13 所示，完整的载人地月往返运输系统包括 Ares Ⅰ载人火箭、Ares Ⅴ货运火箭、EDS 地球出发级、Orion 猎户座载人飞船、Altair 月面着陆器。“星座”计划中止后火箭和飞船的研发工作仍在继续。

NASA 以大推力、高可靠性的航天飞机发动机为基础研制载人和载货两种运载火箭。Ares Ⅰ载人火箭主要用于发射“猎户座”飞船，载人进入空间，向国际空间站运送人员和货物、执行重返月球任务以及载人登陆火星甚至探索更遥远星球任务。Ares Ⅰ为两级运载火箭，长 94.2 米，起飞质量 907 吨，低轨运载能力为 25 吨。Ares Ⅴ货运运载火箭长 109 米，起飞质量 3357 吨，低地球轨道运载能力 130 吨，月球轨道运载能力 65 吨。火箭采用两级结构，第一级将由航天飞机外贮箱改进而来，直径 10 米，使用 5 台 RS-68 氢氧发动机提供动力。捆绑两枚可重复使用的 5 段式航天飞机固体助推器，与 Ares Ⅰ火箭第一级相同，第二级为地球出发级 EDS，

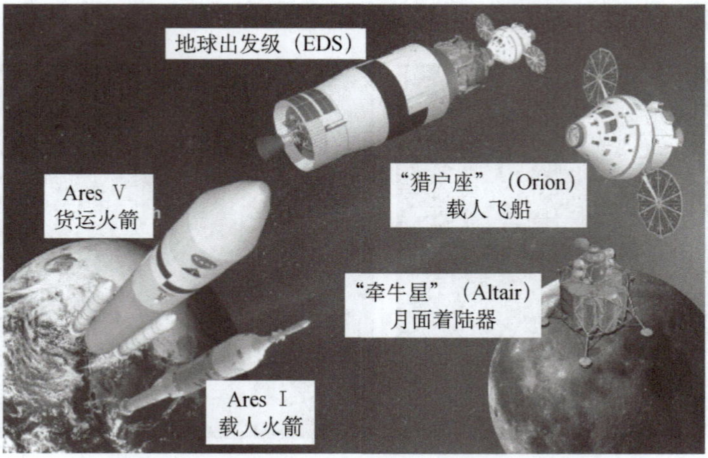

图 2-13　"星座"计划载人地月往返运输系统

资料来源：Launching to the Moon and Beyond，NASA

包括使用液氢液氧燃料的 J-2X 发动机（NASA Apollo 时代土星 5 号 J2 发动机的改进型）。

猎户座飞船最大直径为 5 米，总重约 23 吨，返回地面质量为 7.3 吨。飞船由指令舱、服务舱、发射逃逸救生系统和适配器共 4 部分组成，如图 2-14 所示，其外形类似于 Apollo 飞船，但功能更强大、性能更先进，能够支持近地轨道、月球以及未来火星任务。乘员舱采用与 Apollo 飞船指令舱相同的钝头体外形，用于运送航天员至月球并安全返回地面。乘员舱最多可重复使用 10 次，舱体结构主要由轻型钛增强型铝锂合金材料组成。服务舱用于安装飞船电源、电子设备、推进系统、热控辐射器以及与运载器接口的适配器，为整个飞船提供能源和推进功能。服务舱安装了一对伞形展开式太阳电池阵，舱体采用非承压半硬壳式结构，采用了轻型聚合物复合材料和铝加强型蜂窝结构。

"牵牛星"载人月面着陆器采用上升级与下降级两级构型，上升级为乘员舱，下降级为推进舱，主结构采用先进复合材料，着陆缓冲机构具备较大的承载能力，采用自主光学导航系统、着陆避障探测系统等多体制多类型的敏感器提供高精度导航信息，下降着陆采用一台高比冲（约 450 秒）大变比（10∶1）氢氧发动机以实现高效推进和精确着陆，并采用主被动结合方法实现低温推进剂零蒸发量控制，月面着陆和停留期间主要依靠质子交换膜氢氧

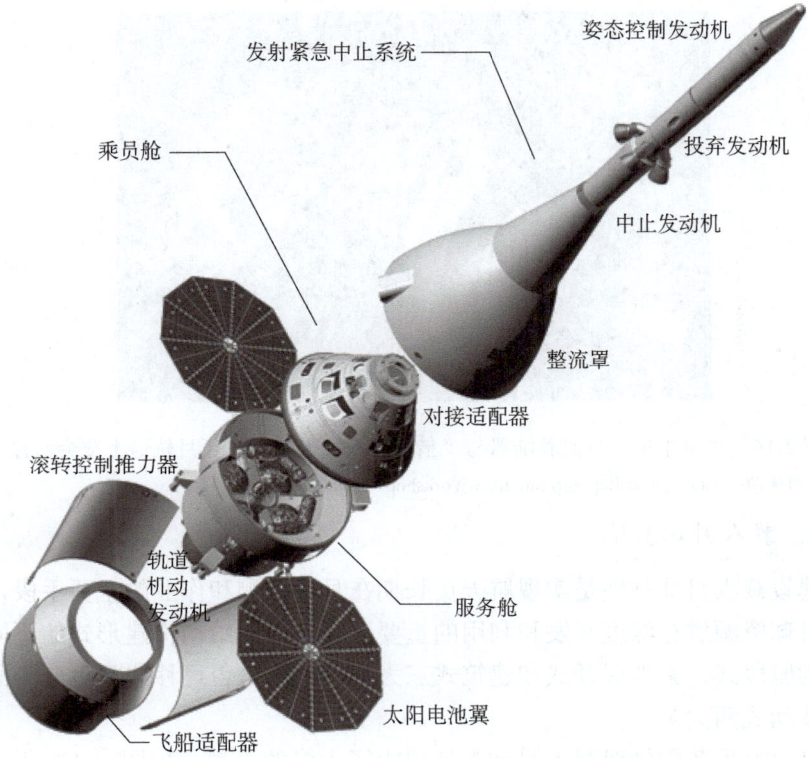

图 2-14 “猎户座”载人飞船系统组成

资料来源：www.NASA.gov

燃料电池和蓄电池供电。图 2-15、图 2-16 分别为“牵牛星”月面着陆器在轨飞行与月面着陆构型、“牵牛星”月面着陆器与“猎户座”载人飞船在环月轨道上交会对接示意图。

图 2-15 “牵牛星”月面着陆器在轨飞行与月面着陆构型

资料来源：Altair Lunar Regolith Simulant Workshop，NASA

图 2-16 “牵牛星”月面着陆器与“猎户座”载人飞船在环月轨道上交会对接

资料来源：Altair Lunar Regolith Simulant Workshop，NASA

4. 载人月球基地

建设载人月球基地是实现航天员长期在月面探测和作业的主要手段，也是对月球资源进行深度开发和利用的重要途径。根据结构构建形式的不同可以分为舱段式、柔性展开式和建筑式三大类，根据是否可移式又可分为固定式和移动式两大类。

目前世界各国针对载人月球基地提出了大量的设想，如图 2-17 所示是美国提出的移动式刚性舱月球基地，综合了登月舱和月球车的技术优势；如图 2-18 所示的是 NASA 提出的固定式充气月球基地，可以有效减轻发射时的重量，进行折叠装载，到了月面再进行充气、刚化和组装；如图 2-19所

图 2-17 美国提出的可移动式载人月球基地舱段

资料来源：果琳丽，王平，朱恩涌，等. 2013. 载人月球基地工程. 北京：中国宇航出版社

示的是 ESA 提出的地下建筑式月球基地方案，可以充分利用月面资源，采用 3D 打印利用月壤进行建筑材料的生产。从这三种类型的月球基地方案不难看出，越复杂的月球基地方案，月面活动作业支持的保障要求能力越高，对月球车、月面机器人、月面工程机械设备的要求越高，对相关自主/智能控制、长寿命、高可靠、高精度、大范围的需求就越大。鉴于工程实施难度大、后续运营保障条件高、投资经费规模大，因此目前世界上尚未有国家正式提出自己的载人月球基地计划。

图 2-18 NASA 提出的扁圆形充气式月球基地（固定式）方案

资料来源：NASA Johnson Space Center

图 2-19 ESA 提出的半地下建筑式月球基地方案

资料来源：果琳丽，王平，朱恩涌，等. 2013. 载人月球基地工程. 北京：中国宇航出版社

载人小行星探测的主要开展目标是小行星的探测与识别，建立小行星防御机制，机器人捕获小行星并开展载人采样探测等，为最终实现载人火星探测进行技术验证。载人小行星探测可采用多种主推进方式，包括低温化学推

进、电推进以及核推进，低温化学推进需要进行严格长周期蒸发量控制，电推进需要持续的高功率供给，核推进则存在突出的辐射防护和安全性问题，这都给载人小行星探测工程的实施提出了挑战。

美国提出的“载人小行星探测设计参考任务方案”中，采用太阳能电推进方式，飞行器系统包括载人飞船、深空生活舱、目的地探索飞行器、太阳能电推进舱和化学推进舱等。

NASA、约翰逊航天中心提出的小行星探测方案关键系统包括：适应多探索目标的载人飞行器、重型运载及发射系统、低温推进级、深空居住舱、行星着陆下降级、空间先进推进技术、空间探索飞行器等。由于小行星引力微弱，组合体可以在小行星附近轻松游弋，空间探索飞行器携带乘员在小行星表面不同的地方进行探测并采集样品。载人探索任务结束时，空间探索飞行器被留下，可以继续执行任务。2011年，NASA 提出小行星重定向任务，将近地小行星捕获至月球高轨，并开展载人探测。该方案避免了地球轨道制动，大幅度降低了对推进系统的要求，同时降低了目标星选择与识别的难度。多任务空间探索飞行器（mlti-mission space exploration vehicl，MMSEV）是用于探索近地小行星和行星表面的载人航天器，加压舱既可用于空间任务，又可用于行星表面探索。MMSEV 分为表面探索型和空间探索型，后者用于载人小行星探测任务，在飞行平台上安装加压舱，可以安装机械臂抓取观测目标，经“航天服端口”航天员可以更方便地出舱活动，如图 2-20、图 2-21 所示为 MMSEV 表面探索型和空间探索型。

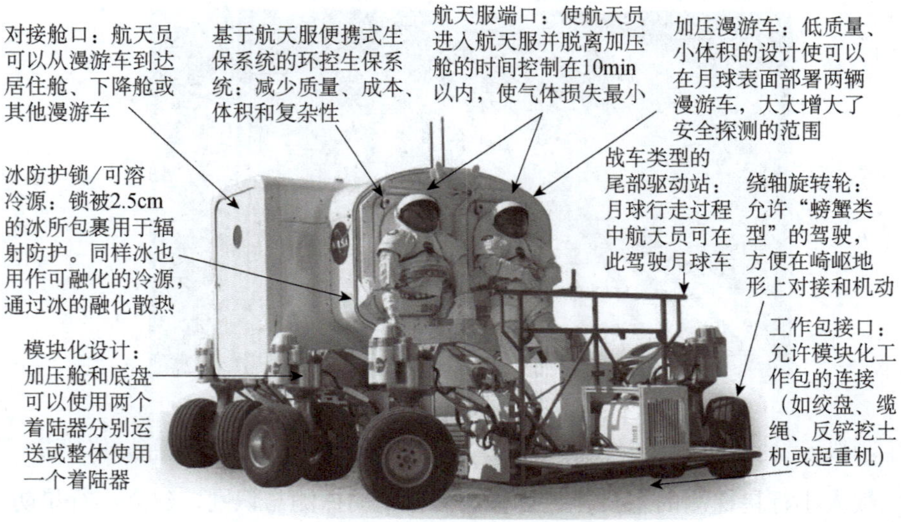

图 2-20　MMSEV 表面探索型设计特点

资料来源：www.NASA.gov

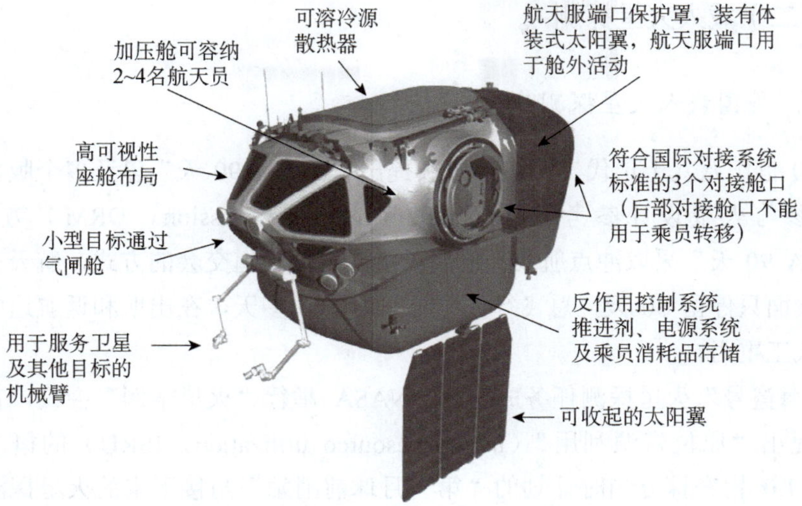

图 2-21　MMSEV 空间探索型设计特点

资料来源：www.NASA.gov

同时，NASA 致力于开发载人长期飞行所需的深空居住舱（deep space habitat，DSH），DSH 项目旨在充分利用从国际空间站和地面模拟中得到的知识，测试并完善深空居住舱的方案和技术。目前，NASA 已经开始建造居住舱验证单元，试验和评价用于可能目的地的居住系统结构和任务，如图 2-22 所示。

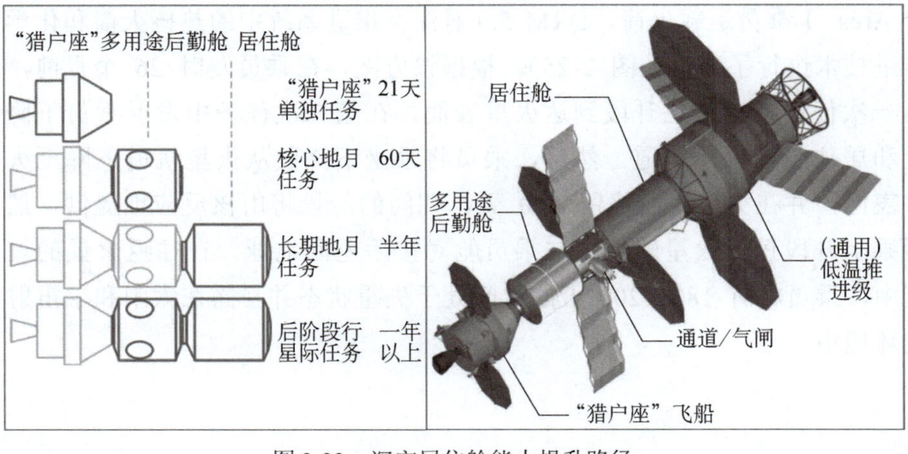

图 2-22　深空居住舱能力提升路径

资料来源：The Deep Space Habitat Project. NASA Advanced Exploration Systems Program. December 19，2012

（二）载人火星探测

1. 美国载人火星探测

20 世纪八九十年代，NASA 陆续提出“NASA 90 天”以及多个版本的有人参与火星设计参考任务（design reference mission，DRM）方案。“NASA 90 天”采取冲点航线、低温推进和火星轨道交会的方式，航天员在火星表面只停留 30 天，总飞行任务时间为 500 多天，在出航和返航途中不产生人工重力。

“海盗号”火星探测任务成功后，NASA 举行“火星案例”会议，首次创新提出“原位资源利用”（in-suit resource utilization，ISRU）的概念。DRM 1.0 旨在探寻当时计划的“第一月球前哨站”与接下来的火星探测任务在硬件上的共同点；DRM 3.0 建立在先前研究的基础上，并包括了罗伯特·祖布林提出的使用火星大气制造推进剂的方案。美国载人火星探测任务设计发展历程如图 2-23 所示。

2009 年公布的 DRM 5.0（图 2-24）中，以 Ares Ⅰ、Ares Ⅴ为基础的总任务时间为 900 天，同时提出将月球作为载人火星探测系统的实际试验平台，其中飞往火星需要 180 天，在火星上停留 540 天，返回地球需要 180 天。每次火星探测任务使用 8 个或更多的 Ares Ⅴ运载火箭加一个 Ares Ⅰ乘员运载火箭。DRM 5.0 对深空推进系统中的热核火箭和化学推进技术进行了评估（图 2-25）。根据该方案，在乘员发射 26 个月前，第一次任务将携带上升段到达火星表面，在第二次任务中发射乘员下降段和居住舱到火星轨道。然后，乘员将乘坐下降段从火星轨道下降至火星表面，并在火星表面停留 540 天，期间的能量将由核反应堆提供，然后乘上升段返回火星轨道，与乘员舱对接后返回地球。在往返火星的过程中，乘员将有 180～200 天的时间处于失重状态并暴露在太阳和宇宙射线环境中。

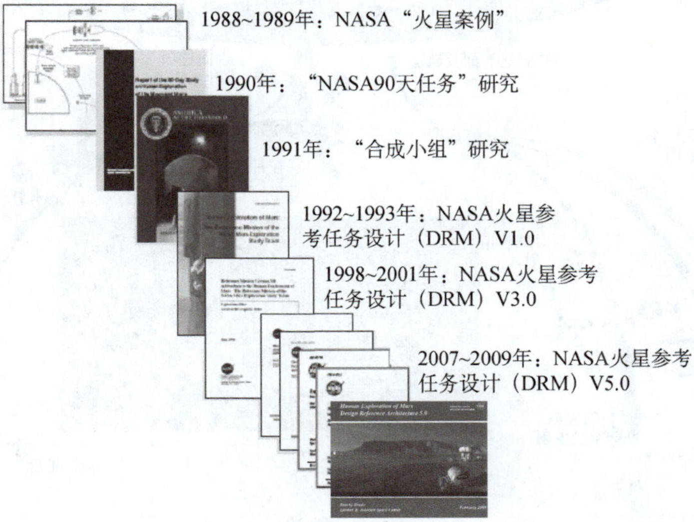

图 2-23 美国载人火星探测任务设计发展历程

资料来源：NASA Human Exploration of Mars Design Reference Architecture 5.0

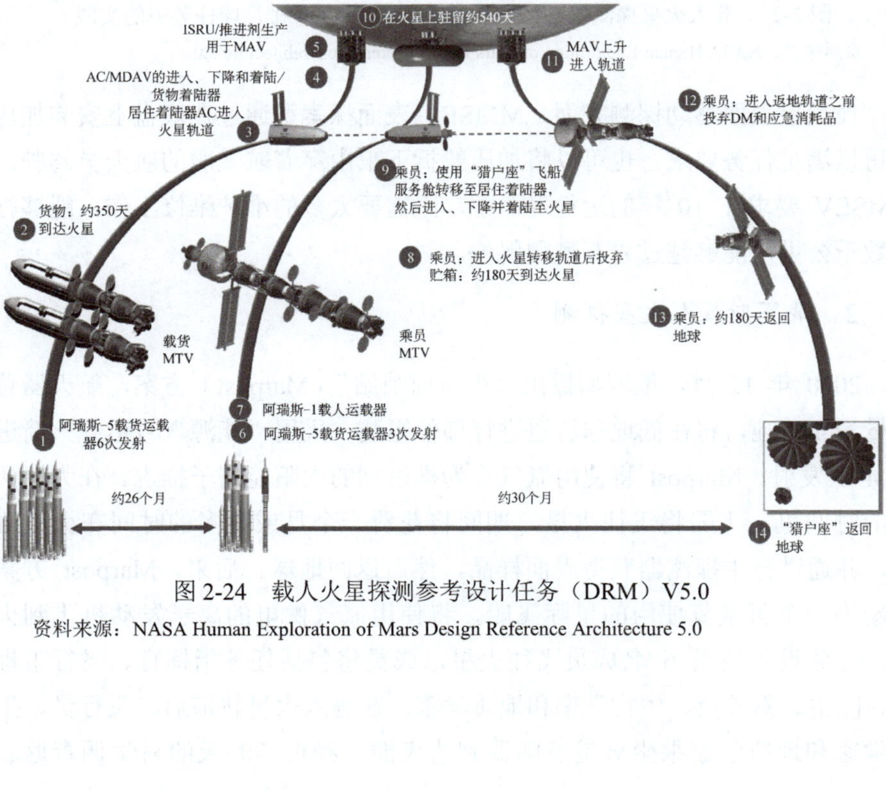

图 2-24 载人火星探测参考设计任务（DRM）V5.0

资料来源：NASA Human Exploration of Mars Design Reference Architecture 5.0

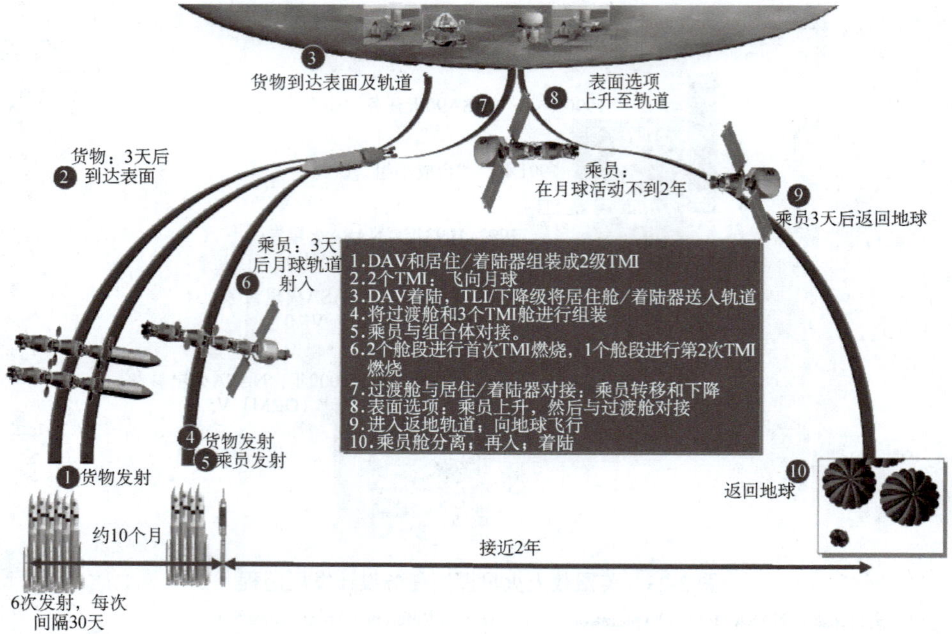

图 2-25　载人火星探测参考设计任务（DRM）V5.0 在月球任务中的实践

资料来源：NASA Human Exploration of Mars Design Reference Architecture 5.0

在火星表面移动探测方面，MMSEV 表面探索型通过在底盘上安装加压舱可以满足任务要求，也可以将加压舱拆下来由穿着航天服的航天员驾驶。MMSEV 要求在 10 年的运行寿命中，不需要太多的维护维修工作，能够行驶数千公里，能够越过岩石攀爬斜坡。

2. 俄罗斯载人火星探测

2000 年 12 月，俄罗斯提出“火星前哨站”（Marpost）方案，航天器总质量为 400 吨，将在低地球轨道进行部件组装，采用“能源”号运载火箭进行 4 次发射。Marpost 将使用氙气作为推进剂的太阳能离子推进。在为期两年的时间里，飞船将飞往火星，期间将花费一个月或更多的时间在火星轨道，并通过自主探测器获得表面样品，然后返回地球。后来，Marpost 方案更新为一个可重复使用的星际飞船，将使用氙气供电的离子发动机飞到火星。任务设想是派 6 名成员飞往火星，成员将包括任务指挥官、飞行工程师、医生、驾驶员、生物学家和地质学家。在进入火星轨道后，飞行员、生物学家和地质学家乘坐火星着陆器到达表面，经过 30 天的科学调查返回

Marpost，而后返回地球，总任务时间将为 730 天。

能源公司 2001 年提出了基于 20 次“质子”号火箭发射的载人火星探测任务设想，2 名航天员将到达火星表面并停留 2～4 周，在返回地球时进入日心轨道，两次横穿水星轨道并返回地球。克鲁尼契夫航天研制中心 2005 年对载人火星探测计划做了可行性研究，被称为“火星 2005”（Mars 2005），如图 2-26 所示。

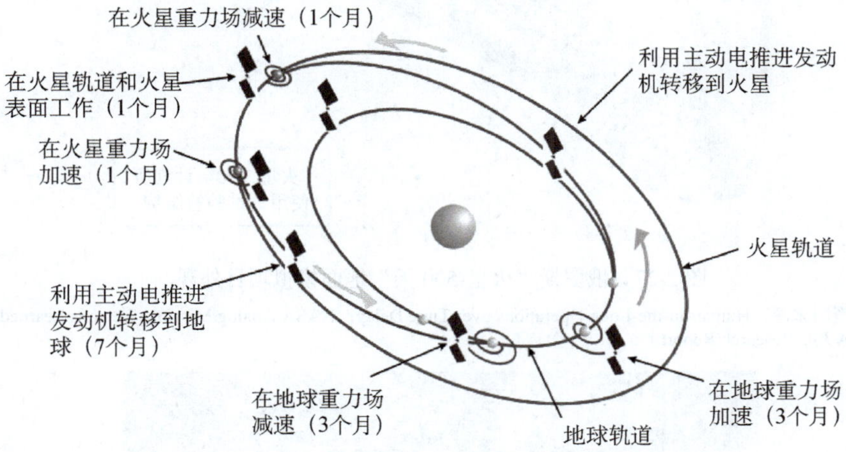

图 2-26　俄罗斯能源公司载人火星探测任务设想

资料来源：A Study for Mars Manned Exploration，NASA MSFC Report

俄罗斯科学院 2009 年启动了“火星-500 天”载人火星探测地面模拟试验。“火星-500”项目是针对载人火星飞行多方面内容进行的系列模拟实验，如图 2-27 所示，由俄罗斯联邦航天局（ROSCOSMOS）和俄罗斯科学院生物医学问题研究所（IBMP）组织，俄罗斯有关单位和多个国际组织参加，目的是在模拟火星飞行（长持续时间、高度自主、与地球通信状态改变——信号传输延迟、消耗品数量有限等）过程中，研究乘组长期隔离在狭小的正常压力环境时的“人-环境”系统，并获取乘组人员健康状况和工作能力的实验数据。到目前为止，已经完成了三项计划项目：14 天隔离（2007 年 11 月完成）、105 天隔离（2009 年 7 月完成）、520 天隔离（2011 年 11 月完成）。图 2-28 为俄罗斯“火星-500 天”地面模拟项目内景。

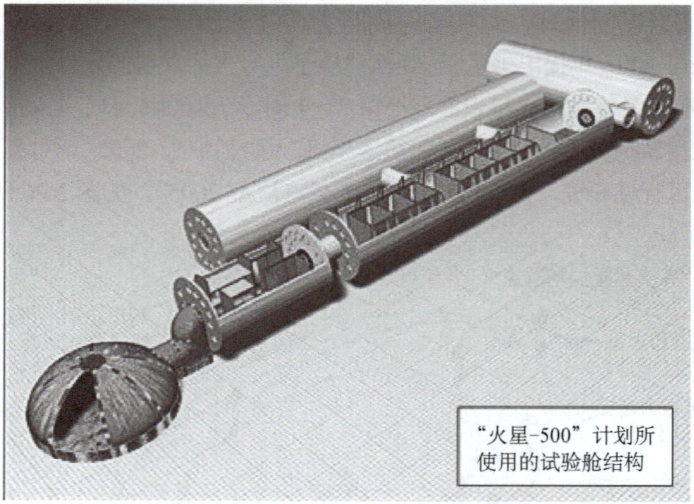

图 2-27　俄罗斯"火星-500 天"地面模拟项目外观

资料来源：Human-in-the-Loop Operations over Time Delay：NASA Analog Missions Lessons Learned，NASA JSC Research Report

图 2-28　俄罗斯"火星-500 天"地面模拟项目内景

资料来源：Human-in-the-Loop Operations over Time Delay：NASA Analog Missions Lessons Learned，NASA JSC Research Report

3. 其他载人火星探测

ESA 于 2004 年公布了"曙光"（Aurora）空间探索计划。欧洲计划在 2030～2035 年把航天员送上火星。该计划与美国的"太空探索新构想"相似，但更加精确，这表明欧洲希望在太阳系及行星探测领域对美国的主导地位进行挑战。2007 年 6 月，ESA 宣布将在 2013 年发射“曙光”计划的首个旗舰任务“火星生物学”（ExoMars），并与英国阿斯特里姆公司（Asrtium）签定了 ExoMars 火星车的研制合同。

（三）全球空间探索路线图

2006 年，NASA、ESA 及其他 12 个国家的航天机构（包括中国）联合开展了关于全球合作空间探索的讨论，并于 2007 年 5 月联合发布了多国合作空间探索的顶层战略——《全球探索战略：合作框架》；之后根据该战略要求成立了 ISECG，用以协调全球空间探索计划并推进国际合作。

2011 年 9 月，ISECG 联合 12 个国家或组织（不包括中国和澳大利亚）发布了《全球探索路线图》（第 1 版）（图 2-29），规划了未来 25 年通过国际合作持续探索月球、小行星和火星的途径和方案，规定了探索目标和目的、任务方案及探索准备活动的协调等，促进了全球合作探索战略的实施。

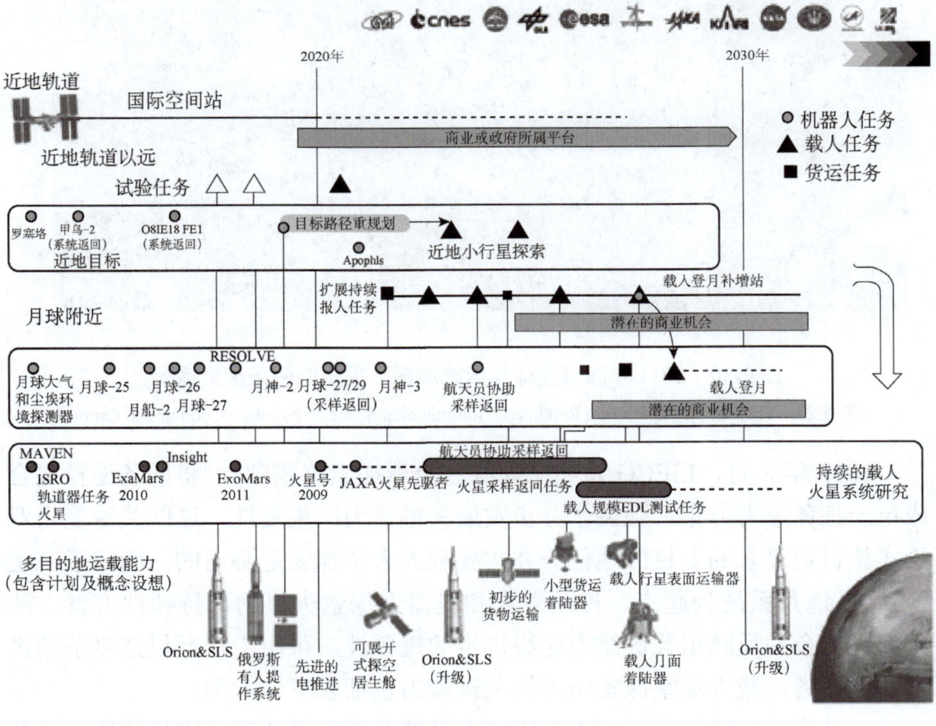

图 2-29 《全球探索路线图》（第 1 版）

资料来源：The Global Exploration Roadmap，International Space Exploration Coodination Group

《全球探索路线图》中提出了“小行星优先”和“月球优先”两种方案，其中“小行星优先”方案将近地小行星作为近地轨道以远载人探索的首个目的地，该任务可以用于验证载人安全往返火星轨道任务所需的众多能力。任务方案包括地月空间深空居住舱的部署，旨在开发深空旅行和居住的能力。之后实施使用该深空居住舱到达小行星的任务，以便更好地了解这些原始的目的地，并验证用于规避小行星撞击地球所需的技术和途径；“月球优先”方案将月球作为近地轨道以远载人探索的首个目的地。该方案开发了用于了解如何在行星表面自给生活所必需的能力，也能验证用于支持火星任务着陆（如精准着陆和障碍规避）的特定能力。

2011 版路线图确定的“月球优先”和“小行星优先”两条可能的途径（图 2-30）来驱动载人火星探测目标，但无论选择哪条途径，载人登月都是不可或缺的一环。

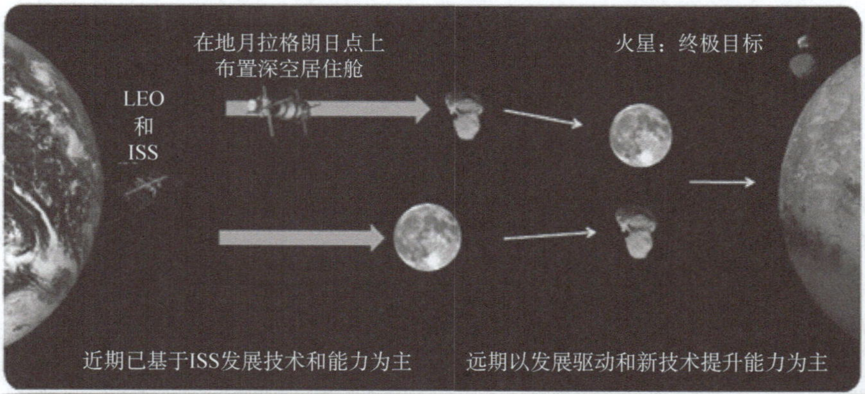

图 2-30　2011 年版《全球探索路线图》提出的两条探索途径

资料来源：The Global Exploration Roadmap，International Space Exploration Coodination Group

2013 年 8 月，ISECG 发布了新版《全球探索路线图》，将两条途径整合成单一任务参考方案，强调了分步发展关键能力的重要性，这些关键能力对于实施日益复杂的多目的地任务并实施载人火星探索是必需的，确定了立足 ISS、以地月系统为起点、推动载人和机器人探索火星的可持续性方案。两条途径的合并反映出关键能力逐级进步的重要性，可用于执行日益复杂的多目的地任务，载人深空探索所需的关键能力包括以下三大类。

一是往返运输能力，用于运输探索系统及航天员达到深空目的地，涵盖的系统包括载人飞船、货运飞船、重型运输火箭、低温/电推进飞行器、行星着陆器等。

二是任务运行支持能力，用于总装、运输和发射航天器以及对在轨航天器进行运营管理的设施和系统。

三是居住和目的地探测能力，为航天员居住及工作提供支持的各类系统，包括机器人系统、深空居住舱、出舱活动系统、空间探索飞行器等。

如图 2-31 所示为载人深空探测关键系统和能力进步示意图，对载人深空探测后续发展具有较强的指导意义。

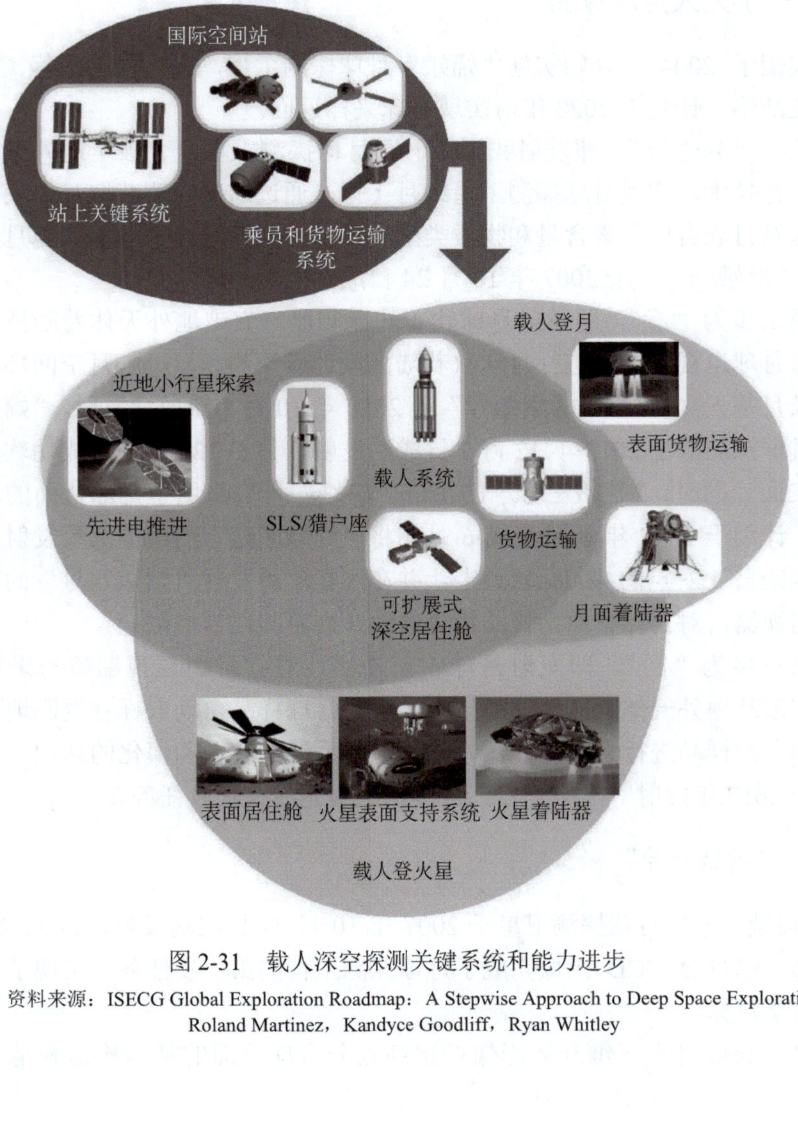

图 2-31 载人深空探测关键系统和能力进步

资料来源：ISECG Global Exploration Roadmap：A Stepwise Approach to Deep Space Exploration，Roland Martinez，Kandyce Goodliff，Ryan Whitley

第二节　国内发展状况

一、无人深空探测任务概况

（一）无人月球探测

我国于 2004 年开始实施“嫦娥”月球探测工程，提出“绕、落、回”三步走战略，计划于 2020 年前实现月球采样返回。

第一步为“绕”，即发射我国第一颗月球探测卫星，突破至地外天体的转移飞行技术，实现月球探测卫星绕月飞行，通过遥感探测获取月球表面三维影像及月表有用元素含量和物质类型，并在奔月飞行过程中探测地月空间环境。“嫦娥一号”于 2007 年 10 月 24 日成功发射。

第二步为“落”，即发射月球软着陆探测器，突破地外天体着陆技术，并携带月球巡视勘察器进行月球软着陆区域地质探测、日-地-月空间环境监测以及月基天文观测。“嫦娥二号”于 2010 年 10 月 1 日成功发射，“嫦娥三号”月球探测器于 2013 年 12 月 2 日成功发射，并于 12 月 14 日成功软着陆月球表面。同时，“嫦娥三号”的备份“嫦娥四号”将用于月球背面的着陆探测，计划于 2018 年 5 月底或 6 月初将“嫦娥四号”的中继卫星发射至地月拉格朗日 L2 点的 Halo 轨道上，并在约半年后发射“嫦娥四号”的着陆器和巡视器，对月球背面南极艾特肯盆地开展着陆巡视探测。

第三步为“回”，即发射月球软着陆器，进行月面巡视勘察与采样返回，突破从地外天体返回地球的技术，进行月球样品自动取样并返回地球，在地球上对样品进行分析研究，深化对地月系统的起源和演化的认识。目前计划于 2017 年发射“嫦娥五号”月球探测器完成该阶段任务。

1. “嫦娥一号”

“嫦娥一号”月球探测卫星于 2007 年 10 月 24 日成功发射，11 月 20 日传回第一幅月面 CCD 图像完成了月球探测工程的第一步任务，实现了以下四大科学目标。

（1）获取月表三维立体影像：精细划分月球表面的基本构造和地貌单

元，对月球表面撞击坑的形态、大小、分布、密度等进行研究，为类地行星表面年龄的划分和早期演化历史研究提供基本数据，并为月面软着陆区选址和月球基地选址提供基础资料。

（2）分析月表有用元素的含量和物质类型的分布特点：勘察月表有开发利用价值的钛、铁等 14 种元素的含量和分布，绘制各元素的全月球分布图、月球岩石、矿物和地质学专题图等，发现各元素在月表的富集区，评估月球矿产资源的开发利用前景等。

（3）测定月壤厚度：利用微波辐射技术，获取月球表面月壤的厚度数据，从而得到月表年龄及其分布，在此基础上估算核聚变发电燃料氦-3 的含量、资源分布及资源量等。

（4）探测地月空间环境：月球与地球平均距离为 38 万千米，处于地球磁场空间的远磁尾区域，卫星在此区域可探测太阳宇宙射线高能粒子和太阳风等离子体，研究太阳风和月球以及地球磁场磁尾与月球的相互作用。

“嫦娥一号”共搭载了 8 种 24 台科学探测仪器，包括微波探测仪、γ 射线谱仪、X 射线谱仪、激光高度计、太阳高能粒子探测器、太阳风离子探测器、CCD 立体相机、干涉成像光谱仪。基于探测数据获得了 120 米分辨率全月球影像图和三维月球地形图，编制了我国首幅月球虹湾区域的地质图和构造纲要图，首次获得了白天和黑夜的全月球微波图像，提出了月球岩浆洋结晶年龄为 39.2 亿年和月球东海盆地倾斜撞击成因的新观点。

2. “嫦娥二号”

作为我国月球探测工程第二步任务的先导技术卫星，“嫦娥二号”月球探测卫星于 2010 年 10 月 1 日成功发射，携带 CCD 立体相机、激光高度计、干涉式成像光谱仪、γ 射线谱仪、X 射线谱仪、微波探测仪、高能粒子探测器、太阳风粒子探测器等 8 台有效载荷，开展了一系列新技术验证工作，获取了世界首幅 7 米分辨率全月图，制作完成了分辨率优于 1.5 米的虹湾地区影像图，在澄海发现了月表剩磁所引起的微磁层的存在，进一步测量了月面化学元素并初步对铀、钾、钍、镁、铝、硅、钙等元素进行了分析，研究了全月球温度分布和月壤特征，完成了既定的科学目标。

2011 年 4 月 1 日“嫦娥二号”开始拓展试验，完成进入日地拉格朗日 L2 点环绕轨道进行深空探测等试验。2012 年 12 月 13 日，“嫦娥二号”在 700 万千米的深空以约 11 千米/秒的相对速度近距离飞越小行星 4179（图塔蒂斯），成功获取高分辨率完整图像。该拓展任务的成功实施创造了多项纪录：第一次从拉格朗日点出发进行小行星探测；第一次对“图塔蒂斯”进行近距离探测；第一次获取关于“图塔蒂斯”的高分辨率光学影像（图 2-32）。

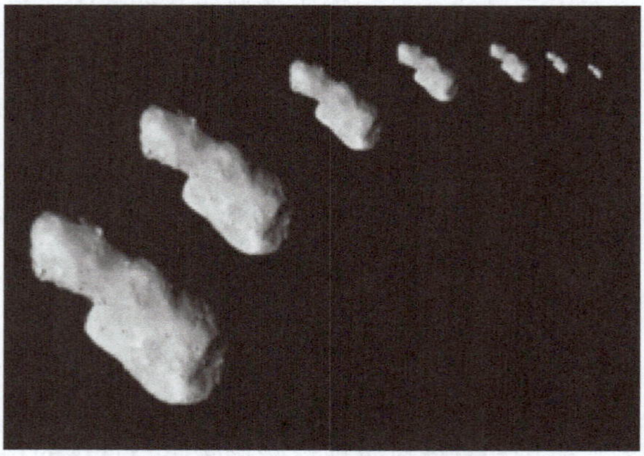

图 2-32　“嫦娥二号”拍摄的“图塔蒂斯”小行星

资料来源：中国探月工程中心网

3.“嫦娥三号”

2013 年 12 月 2 日凌晨，“嫦娥三号”月球探测器（图 2-33）在西昌卫星发射中心发射成功，12 月 14 日成功软着陆月球雨海东北部地区，实施两器分离和互拍并传回清晰图像，随后全面进入科学探测任务实施阶段。“嫦娥三号”是继 20 世纪“阿波罗”登月工程结束以后 40 年来首个着陆月球的人造探测器。

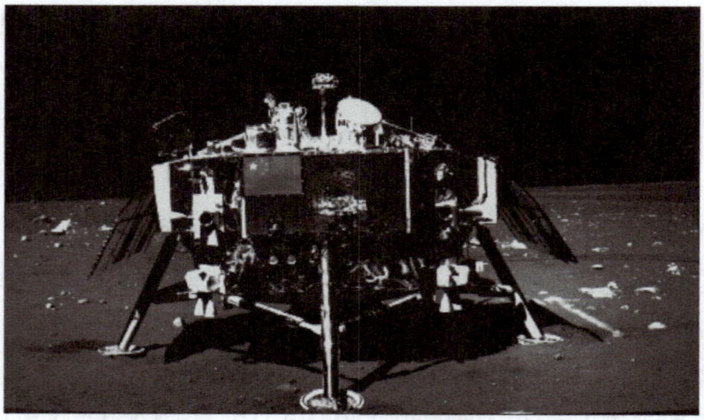

图 2-33　“嫦娥三号”月球探测器

资料来源：中国探月工程中心网

在第一个月昼期间，“嫦娥三号”搭载的全部有效载荷均开机进行正常工作，实现了着陆区与巡视区月表地形地貌与地质构造探测、月表物质成分内部结构以及可利用资源探测、地球等离子体层探测及月基天文观测等科学目标。

2016 年 1 月，国家国防科技工业局正式发布国际天文学联合会批准将“嫦娥三号”探测器着陆点周边区域命名为“广寒宫”，附近三个撞击坑分别为“紫薇”“天市”“太微”，这也使得以中国元素命名的月球地理实体达到 22 个。

4. “嫦娥四号”

2015 年 12 月，国家国防科技工业局正式批准了“嫦娥四号”任务，这将是全世界首次月球背面无人软着陆任务，计划于 2018 年底发射着陆器与巡视器，如图 2-34 所示。月球背面是部署无线电天文望远镜的极佳地点，南极艾特肯盆地环形山可能有月幔的一部分，有利于深入了解月球内部构造。为了支持“嫦娥四号”任务，我国将在地月拉格朗日 L2 点 Halo 轨道上部署一颗中继卫星，预计 2018 年中旬发射，为月球背面的遥科学、遥操作等探测活动提供通信和导航支持。

图 2-34 “嫦娥四号”月球探测器

资料来源：中国探月工程中心网

“嫦娥四号”的着陆器上将带有降落相机、地形地貌相机，月球车上将带有全景相机。此外，“嫦娥四号”的月球车还将继承“玉兔”用于探测月球浅表层结构的测月雷达，以及分析月壤元素和矿物类型的红外成像光谱仪。针对月球背面如此独特的地方，“嫦娥四号”还准备在着陆器上携带新研发的一个重要科学载荷——低频射电频谱仪，此外，“嫦娥四号”还将开展国际合作，搭载三个以外方为主研制的探测器，包括将搭载在中继星上的荷兰低频射电频谱仪、瑞典的中性原子探测仪以及安装在着陆器上的德国中子与辐射剂量探测仪，能探测着陆区的辐射剂量，为未来的载人登月航天员的危险度进行前期评估提供相应辐射防护的依据。

5. “嫦娥五号”/“嫦娥六号”

我国月球探测第三步任务为采样返回探测，即实现对月球样品自动取样并返回、对月球进行区域性精细探测，计划由 2017 年发射的“嫦娥五号”月球探测器来实现，如图 2-35 所示，目前已经进入正样研制阶段。

“嫦娥五号”的第一个科学目标是展开着陆区的形貌探测和地质背景勘测获取与月球样品相关的现场分析数据，建立现场探测数据与实验室分析数

图 2-35 “嫦娥五号”月球探测器

资料来源：中国探月工程中心网

据之间的联系。第二个科学目标是对返回地面的月球样品进行系统、长期的实验室研究，分析月壤与月岩的物理特征与结构构造、矿物与化学组成、微量元素与同位素组成、月球岩石形成与演化过程的同位素年龄测定、宇宙辐射与太阳风离子与月球的互相作用、太空风化过程与环境演化过程等，深化月球成因和演化历史的研究。

“嫦娥五号”可携带约 2 千克样本返回地球。

为实现中国第一次月球采样返回，需要突破样品采集技术，月面上升起飞技术、月球轨道交会对接技术以及月地高速再入返回技术等。为验证月地高速再入技术，安排了“嫦娥五号”T1 飞行试验任务，主要试验地月自由返回轨道及俗称“打水漂”的跳跃式再入轨道着陆技术。

2014 年 11 月，“嫦娥五号”T1 高速再入返回试验器成功发射，随后以第二宇宙速度返回再入并在内蒙古四子王旗地区顺利着陆，成功验证了第二宇宙速度地月高速再入的关键技术；在采用类神舟飞船的返回舱气动外形条件下，通过采用改进的预测校正制导律，返回器的落点精度控制在 2 千米左右，在预定区域实现迅速回收。首次再入返回飞行试验圆满成功，标志着我国已全面突破和掌握航天器以接近第二宇宙速度的高速再入返回关键技术。同时，“嫦娥五号”T1 服务舱于 11 月 28 日飞抵地月拉格朗日 L2 点，2015 年 1 月 13 日完成近月制动进入目标环月轨道，开展拓展试验任务。

“嫦娥六号”作为“嫦娥五号”的备份，将共同完成探月三期工程“回”的任务，即同样实现月球采样后自动返回。

通过“嫦娥五/六号”任务的研制和实施，中国将突破月表自动采样，样品的封装与保存、月面动力上升、采样返回轨道设计、地球大气高速再入、月球轨道交会对接、多目标、高精度测控通信、月球样品储存和地面实验室数据分析等关键技术，提升航天技术水平；具备月球无人采样返回的能力，首次实现中国月面自动采样返回，实现航天技术的重大跨越；完善中国的月球探测航天工程体系，形成重大项目实施的科学的工程管理方法，为后续载人登月和深空探测工程服务。

（二）无人火星探测

1.“萤火一号”

在中俄两国政府间航天合作框架协议的基础上，“十一五”期间我国实施了中俄联合火星探测项目，计划由我国的“萤火一号”探火卫星搭载俄罗斯“福布斯-土壤”探测器到达火星，在近火点 400～1000 千米、远火点 74 000～80 000 千米的大椭圆轨道上实现火星环绕探测。“萤火一号”主要科学探测目标是对火星的空间磁场、电离层和粒子分布变化规律以及火星大气离子逃逸率进行探测；此外，还将探测火星地形地貌、沙尘暴以及火星赤道附近的重力场。2011 年 11 月 8 日探测器发射，次日俄方探测器变轨失败，此次火星探测任务终止。

2. 最新火星探测计划

2016 年 4 月 22 日，我国正式宣布了中国火星探测计划，工程研制工作已全面启动将于 2020 年实施首次火星探测任务，由于地火飞行距离超过 5500 万公里，需要飞行 9 个多月，预计探测器将于 2021 年到达火星进行环绕和着陆探测。计划在一期工程中实现一次发射完成“绕、落、巡”三个阶段的探测任务，即火星环绕器环绕火星飞行、着陆器软着陆火星表面、巡视器开展着陆区域详细勘察；二期工程实现“取样回”，择机开展综合技术验证，实施火星样品返回地球。

（1）火星探测一期工程：全球遥感和区域巡视探测任务。

火星全球遥感和区域巡视探测旨在实现对火星的表面形貌、土壤特性、物质成分、水冰、大气、电离层、磁场等的科学探测：①研究火星形貌与地质构造特征及其变化；②研究火星表面土壤特征与水冰分布；③研究火星表面物质组成；④研究火星大气电离层及表面气候与环境特征；⑤研究火星物理场与内部结构，包括轨道器和漫游器开展独立探测和天地联合探测。

（2）火星探测二期工程：取样返回任务。

火星取样返回任务旨在开展着陆点区域形貌探测和地质背景勘察，获取与火星样品相关的现场分析数据，建立现场探测数据与实验室分析数据之间的联系；在火星样品的分析研究方面，对火星样品进行系统、长期的实验室研究，分析火星土壤的结构、物理特性、物质组成，深化火星成因和演化历史，开展比较行星学研究。

（三）无人小行星、木星及其他天体探测

在 2030 年深空探测发展路线图论证中，有专家提出我国未来还计划对小行星、木星等其他天体进行多次探测。

首次小行星深空探测任务将依次对三颗对地球有潜在威胁的近地小行星进行探测。

计划开展多目标多任务小天体探测任务，完成小天体采样并返回地球，并寻找对地球安全存在威胁的小天体，开展小天体探测与防御实施。

计划实施木星及其他天体探测，探测器先到达木星，之后探测器到达土星或天王星。实施木卫二着陆并穿透探测，寻找木星系是否存在生命。实施冥王星及其以远探测，并到达太阳系的边缘。实施太阳系外行星探测，探测器飞向太阳系外，并寻找适合人类居住的星球。

未来还将对太阳进行 3 次探测：第一次将集中探测太阳的活动；第二次将探测经过太阳的南北极，以此探索太阳活动的机制；最后一次将组成卫星星座对太阳进行监视，通过高分辨率、多波段的观测，可以认识太阳磁场的基本结构和演化特征，揭示太阳耀斑和日冕物质抛射中能量存储和释放的机理，以此探索太阳活动对近地空间环境的灾害性影响。

总体来看，我国的深空探测整体水平和美俄等先进国家相比还是有差距的，但在个别方面实现超越是有可能的。

二、载人航天任务概况

1992 年我国启动实施载人航天“三步走”的战略，最终目标是完成长期有人照料的大型空间站建造与运营。

第一步是发射无人和载人飞船，将航天员安全地送入近地轨道，进行对地观测和科学实验，并使航天员安全返回地面，于 1999 年发射“神舟一号”、2001 年发射“神舟二号”、2002 年发射“神舟三号”和“神舟四号”无人试验飞船，2003 年发射“神舟五号”载人飞船，实现中国首次载人航天飞行，2005 年发射“神舟六号”载人飞船，实现“多人多天”的飞行任务，第一步的实施突破了航天员进入太空并安全返回的载人天地往返运输技术。

2008 年“神舟七号”飞船的出舱活动飞行试验突破了出舱活动技术，中国随之成为世界上第三个掌握空间出舱活动技术的国家；通过 2011 年“神舟八号”飞船与“天宫一号”目标飞行器的交会对接任务，对自动交会对接技术、组合体管理技术等进行了初步验证；通过 2012 年“神舟九号”与 2013 年“神舟十号”飞船和“天宫一号”目标飞行器的交会对接任务，对手动交会对接技术等进行了验证，并开展了中国航天员太空授课活动，目前我国正处于载人航天工程第二步第二阶段，2016 年 9 月 15 日成功发射了“天宫二号”实验室，10 月中旬发射“神舟十一号”飞船，2017 年发射“天舟一号”货运飞船，形成短期有人照料的完整配套的空间实验室工程系统。

第三步是计划建成空间站，解决较大规模的、长期有人照料的空间应用问题，发射空间站试验核心舱，对空间站关键技术进行飞行验证；之后发射实验舱Ⅰ、实验舱Ⅱ与核心舱对接，发射空间站光学舱，2020 年前完成空间站建造；突破和掌握近地空间站组合体的建造和运营技术、近地空间长期载人飞行技术，并开展较大规模的空间应用。

载人航天工程的实施促进了空间科学的快速发展，在微重力科学领域发展了六类通用型实验装置，涉及材料科学、流体物理等领域。神舟飞船提高了空间微重力实验硬件设备的水平；在空间材料科学领域取得了多项有价值的科学与应用研究成果。例如，在“天宫一号”上开展了复合胶体晶体生长实验；在微重力流体科学和微重力燃烧科学领域开展了预先研究工作；在空间生命科学领域进行了多项空间蛋白质结晶实验，获得了一批生长尺寸较大的空间蛋白质晶体，在载人航天二期“神舟八号”飞船上开展了多项中德合作的空间生物学研究，进行了在基因组、蛋白质组等水平上研究生物学问题的尝试，在多名航天员的载人航天飞行期间还进行了多项航天医学试验。此外，针对载人航天后续任务都安排了多项空间科学实验。

1. 空间实验室阶段

利用“天宫二号”空间实验室开展地球科学观测及应用、空间生命科学和微重力物理、空间天文等领域的科学实验任务，取得一批重大创新成果，在冷原子物理、量子密钥传输等方面达到国际领先水平。例如，开展“空-地量子密钥分配与激光通信试验”项目，密钥分发是实现“无条件”安全的量子通信的关键步骤，此项试验将验证量子密钥分发的核心环节，在天地间传输密钥。“天宫二号”将为中国建立实用化覆盖全球的量子保密通信网络进行体制验证。

再如，“天宫二号”开展的“伽马暴偏振探测”项目，探测设备由中国科学院与瑞士日内瓦大学联合研制，将对伽马暴和太阳耀斑进行高灵敏度偏振观测，可望开辟伽马射线偏振探测天文新窗口，中欧科学家将合作研究揭示宇宙结构、起源、演化问题。

此外，“天宫二号”还将搭载全球首台冷原子钟，在空间实验室首次运行高精度空间冷原子钟，不久将进行空间在轨测试，还将开展“液桥热毛细对流实验研究”“多样品材料空间生长实验”“空间高等植物培养实验”等项目。

利用“天舟一号”货运飞船开展空间生命科学和微重力物理领域的科学实验任务，在相关领域取得创新成果。

2. 载人空间站建造阶段

载人空间站核心舱、实验舱Ⅰ、Ⅱ和光学舱上规划了多功能光学设施、量子调控与光传输研究设施等重大研究设施和 10 余个支持各领域空间科学实验开展的科学实验柜以及若干独立载荷和先进的信息系统，特别是“空间应用新技术试验”，将在新一代空间通信与信息技术、激光能量传输、微小卫星、航天元器件与部件、遥科学、智能机器人、空间增材制造、空间核电技术等领域寻求突破。在光学舱上安装的大型光学设备将以接近哈勃太空望远镜的分辨力和比其大 300 倍的视场，开展多色测光和无峰光谱巡天观测，瞄准“一黑”（黑洞）、“两暗”（暗物质、暗能量）、“三起源”（宇宙起源演化、天体起源演化、地外生命起源）等前沿重大基础科学问题，争取取得一些具有国际影响的重大发现，以推动我国空间科学整体水平的提高。

3. 载人空间站运营阶段

论证中规划了空间生命科学与生物技术、微重力流体物理和燃烧科学、空间材料科学、微重力基础物理、空间天文、空间物理与空间环境、地球科学及应用等多个领域多个主题的空间科学研究和应用，计划开展数百项空间科学研究项目。

在载人航天和月球探测“三步走”战略实施之后，实施载人探测开发月球是我国载人航天事业向更高水平发展、符合国情和发展规律的现实选择。应当立足空间站建设突破的技术和形成的能力，充分利用无人月球探测取得的成果，逐步突破验证新技术，提升能力，力争用 15～20 年时间实现载人月球探测的目标，为中华民族开发利用地月空间资源、建设“智慧月球”迈出坚实的一步。

同时以月球为中转站和技术演练场逐步验证载人深空探测所需的关键核心能力，为最终实施以火星为目标的载人深空探测任务奠定基础。

第三节　国际相关法律问题

外层空间是全人类共有的资源，各国探索、利用和开发这一资源的活动应在国际空间法框架下进行。国际空间法规定了各国在外层空间、月球及其他天体活动的基本原则，以及在发射、飞行、返回等过程中的权利与义务。国际空间法也是开展国际合作的基础。

联合国和平利用外层空间委员会（简称“外空委员会”或“外空委”）是制定空间法的主要机构。有关外空活动的条约、协定和其他法律文书草案，经联合国大会通过后即成为对缔约国有约束力的空间法。目前，已制定了《外层空间条约》《营救宇航员、送回宇航员和归还射入外层空间的物体的协定》（简称《营救协定》）、《空间物体所造成损害的国际责任公约》（简称《责任公约》）、《关于登记射入外层空间物体的公约》（简称《登记公约》）、《月球协定》。除上述外空条约外，联合国大会还通过了一系列以探索和利用外层空间为主题的原则和宣言。

联合国在 1967 年制定的《外层空间条约》第 2 条中明确规定：包括月球与其他天体在内的外层空间不得由任何国家通过提出主权主张，通过使用或占领，或以任何其他方法据为己有。未被国际社会广泛接受的 1979 年《月球协定》第 11 条甚至规定：月球及其资源均为全体人类的共同继承财产（根据《月球协定》第 1 条，本协定所称的月球包括太阳系内地球以外的其他天体，下同）；月球的表面或表面下层或其任何部分或其中的自然资源均不应成为任何国家、政府间或非政府国际组织、国家组织或非政府实体或任何自然人的财产；在月球表面或表面下层，包括与月球表面或表面下层相连接的构造物在内，安置人员、航天器、装备设施、站所和装置，不应视为对月球或其他任何领域的表面或表面下层取得所有权。

目前，《月球协定》仅有 13 个缔约国。我国于 1983 年正式加入《外层空间条约》，于 1988 年加入《营救协定》《责任公约》和《登记公约》。我国尚未加入《月球协定》，美、俄等世界主要空间国家也未参加。美国是 1979 年《月球协定》的主要谈判国之一，但并未加入该《协定》，该《协定》也并未演变成为国际法。

载人深空探测任务主要涉及以下法律问题。

（1）载人深空探测及资源开发和利用。《外层空间条约》规定：各国可以自由进入、探索和利用月球及其他天体。这一规定为载人深空探测、建立行星科考站、探索和开采行星资源提供了法律依据。

（2）行星环境保护及空间碎片。《外层空间条约》对行星环境损害的描述较为模糊，对损害行星环境的责任没有可具操作性和强制性的规定。在载人深空探测活动中，可能涉及环境保护及空间碎片等问题没有法律约束。

（3）行星非军事化原则。《外层空间条约》规定：禁止在天体上建立军事基地、军事设施和工事，试验任何类型的武器和进行军事演习。不禁止为科学研究或其他和平目的使用军事人员，以及为和平探索和利用月球与其他天体所必需的任何装置或设备。

此外，需要注意的是，2015 年 5 月，美国众议院表决通过《2015 年关于促进私营航天竞争力、推进创业的法案》，在“太空资源探索和利用”的相关章节明确规定：在外层空间获取的任何小行星资源均属获取这些资源的实体机构的财产，这些实体机构拥有与现行联邦法律和美国国际义务相一致的一切财产权利。该法案实质上确认了对小行星矿物资源“允许私人所有”和“先取先得”的原则，但这与联合国 1967 年制定的《外层空间条约》存在冲突。2015 年 12 月，《美国商业太空发射竞争法案》由美国总统奥巴马签署生效，为美国主导的商业开发太空资源铺平了道路。2016 年 8 月 3 日，美国政府批准了“月球捷运”私营公司的申请，该公司将在 2017 年向月球发射一个公文包大小的登陆器，整个单程太空任务为期两周。月球登陆器上将携带部分科学实验设备和人体骨灰等商用物质登上月球，并向地球传回图片和视频。美国政府在放行这一计划的同时也为今后其他商业公司申请前往月球、火星或小行星的太空飞行设立了相关法律或行政规定，彻底扫清了障碍。

综上分析，开展载人深空探测活动：一方面应争取舆论导向主动，突出和平探索与利用主题，创造良好国际合作氛围和环境，同时建立有效的合作机制，积极开展国际合作；另一方面针对美国为允许私人商业公司发射登月器登陆月球制定的临时法规，紧密跟踪，研讨制定相关法律法规，防止美国政府暗度陈仓，以保护私人企业财产之名在月球划分领地，以达到遏制他国发展载人深空探测技术的目的。

第四节　载人深空探测发展趋势

根据国内外无人及有人参与的深空探测发展态势的研究，未来国际载人深空探测领域的发展趋势主要有以下几点。

一、载人深空探测存在多条可选途径

国际上对于如何开展载人深空探测尚没有定论，根据未来几十年内可预见的发展目标，载人深空探测可能有三种实施途径：第一种途径是以地球或近地空间站为起点，以月球（以及月球附近地月系统拉格朗日点）为目标，实施载人登月、月球基地等载人月球探测任务；第二种途径是以地球或近地空间站为起点，以火星为目标，实施载人火星探测任务，并适时开展载人小行星探测；第三种途径是从月球出发，在月球探测基础上进一步发展载人火星探测任务，并适时开展载人小行星探测。但不管采用何种发展路径，月球探测任务均是关键，以月球为起点逐步实现火星等载人深空探测目标是必然选择和全球共识。

二、未来30年内载人深空探测远景目标是登陆火星

经过长期的研究和论证，目前国际航天界基本将火星确立为未来 30 年内载人深空探测的远景目标，并以此为基础开展相关基础研究和工程规划。火星是太阳系内与地球环境最为接近的地外行星，随着在火星上发现存在水的证据的持续研究，其具备开展星际移民的潜质逐步显露。美国在过去几十年稳步开展了多次无人火星探测任务，近期还出现了私营公司 SpaceX 宣称将在 2025 年实现载人火星探测的任务高潮，对火星特性的认识将不断深入。无论是多国联合制订的《全球空间探索路线图》还是私营公司的发展规划，都可以看出，未来 30 年载人深空探测以登陆火星为远景目标。

三、月球是实现载人深空探测不可跨越的一步

迄今为止只有 Apollo 计划实现了载人登月，“星座”计划中止后还没有确定实施的载人登月计划。从目的地价值、工程技术带动作用以及太空探索由近及远的规律来看，月球都是实施载人火星探测前的不可跨越的一步，从 2013 版《全球空间探索路线图》规划了在月球附近和月球表面的系列任

务，这些任务将有助于提高 2030 年以后实施的载人火星任务的成熟度。延长在月球附近乘员组任务及容易到达的小行星任务时间，将会取得大量新发现，并能演示验证长期深空任务必须依赖的运输、居住、机器人维护及其关键系统。载人月球表面任务将对行星探索能力和技术进行关键验证，同时实现具有最高优先级的月球探测目标。

四、载人深空探测关键技术研究和核心能力建设持续推进

载人深空探测是在深空探测和载人航天取得重大成就的基础上，向更广阔的太阳系空间进行的探索活动。这个领域技术难度大，还需要突破实施载人深空探测任务所需的新能力、新系统和新方法，同时需要提高基础研究能力，推动核心关键能力的提升。在以第二宇宙速度再入返回、大质量火星大气进入、行星表面自主着陆避障、长时间深空飞行环控生保、低密度超音速减速等关键技术研发方面都保持着持续的研究投入。不难看出，载人深空探测技术发展从传统的任务牵引逐渐转向能力驱动，从而使得未来任务的实施具有灵活性。

五、载人深空探测将带动空间科学和技术取得一系列原创性突破

以月球、火星为目标的载人深空探测任务将显著推动空间天文、行星科学、空间基础物理、微重力科学及空间生命科学的快速发展，瞄准宇宙和生命是如何起源和演化的前沿科学问题，获取地球以外物质运动规律与生命活动规律，将带动空间科学和技术的飞跃发展，取得一系列重大的原创性、革命性突破。

第三章 载人深空探测存在的突出科技问题

经过多年的快速发展，我国航天技术中的载人航天工程已进入到第二步的空间实验室任务阶段，2016 年实施的“天宫二号”空间实验室任务可以实现 2 人 30 天的中长期在轨驻留任务。2022 年载人航天工程将建成近地轨道空间站，实现航天员近地轨道长期在轨驻留；月球探测工程将于 2017 年实施无人月球采样返回任务，完成我国第一次月面样品采集及返回任务。2018 年“嫦娥四号”将首次着陆于月球背面。载人航天和月球探测工程的顺利实施有力地推动了载人深空探测技术的发展，为载人深空探测任务的顺利实施奠定了扎实的技术基础。但由于有了人类航天员的参与，载人近地轨道任务和无人深空探测任务所涉及的科学技术与实施载人深空探测任务还存在相当大的差距，载人近地任务、无人深空探测任务与载人深空探测任务的技术支撑和发展关系如图 3-1 所示。从图中可见，在各个技术方向上载人深空探测任务都有更强烈的需求和带动作用。

鉴于载人深空探测任务与无人深空探测任务存在“质”的差异，这些差异将导致工程技术和科学问题方面存在突出问题，亟待解决。围绕载人深空探测任务的“去、登、驻、用、回”以及“人”等方面，大致可概括为四个方面的科学技术问题。

（1）“去、登、回”阶段：面向载人深空探测任务的特点，解决运载火箭发射，载人深空运输，地外天体进入，着陆、起飞以及再入返回等飞行过程面临的科学技术问题，即解决如何保障人员精确可靠到达、着陆地外天体并安全起飞返回地球的问题。

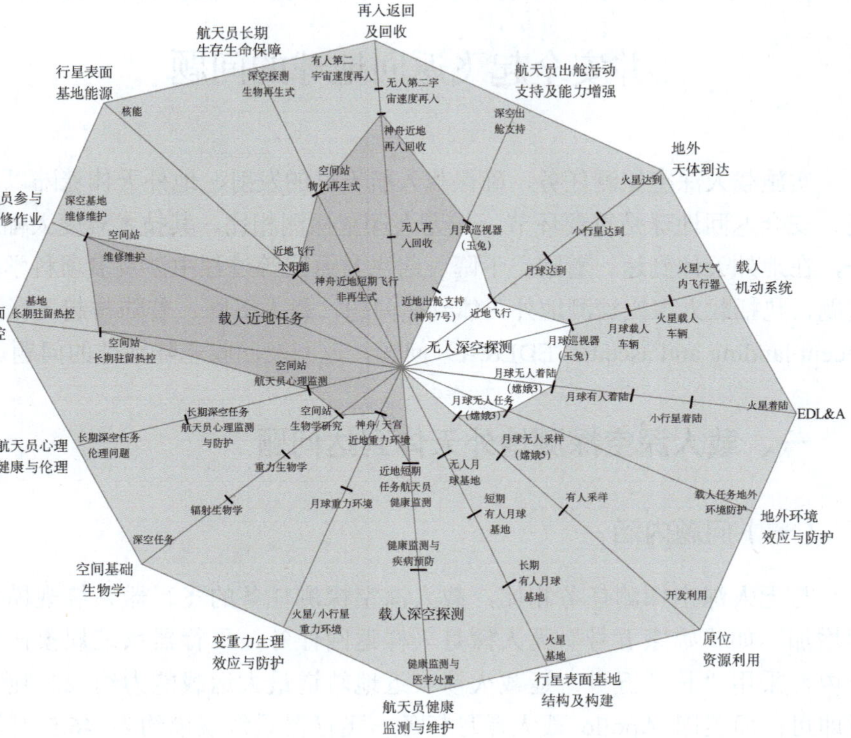

图 3-1 载人近地轨道任务、无人深空探测任务与载人深空探测任务的技术发展关系图

（2）“驻”的阶段：面向长期飞行及地外天体长期驻留任务，如载人月球基地任务、载人火星基地任务等，解决保障人类的居住、生活、工作所面临的科学技术问题，如月球/火星基地的建造和构建问题，即解决如何保障人员在长期飞行及长期驻留任务时需要的居住、生活、工作环境问题。

（3）“用”的阶段：面向航天员在地外天体机动和作业及开发利用外太空资源的长远目标，解决人类在地外天体作业及开发利用外太空资源所涉及的科学技术问题，即解决如何保障人员在地外天体的大范围机动和作业问题。

（4）“人”的问题：面向载人深空探测任务的特点，解决人类在执行长期飞行和地外天体作业任务期间面临的健康和安全问题，探索人类生命起源的本质，即解决如何保障人员执行长期任务期间的健康和安全问题。

第一节　保障人员精确可靠到达、着陆地外天体并安全起飞返回地球的问题

实施载人深空探测任务，确保载人航天器的发射、地外天体着陆以及起飞、安全返回地球是重要环节。与无人深空探测相比，其技术难度大幅度提升，在地外天体到达、着陆、下降、起飞与返回等过程中涉及多项科学技术问题，包括载人深空探测地外天体到达问题，载人下降、着陆与起飞（entry decent landing and ascent，EDL&A）问题，返回及回收着陆地球的问题。

一、载人深空探测地外天体到达问题

（一）问题内涵

与无人深空探测任务相比，载人深空探测任务的飞行器系统规模大幅度增加。如“嫦娥五号”无人探月采样返回任务，飞行器系统规模在几吨以内，采用“长征五号”运载火箭（近地轨道最大运载能力约 22 吨）发射即可；而美国 Apollo 载人登月任务，飞行器系统规模约为 46.5 吨，需要土星Ⅴ重型运载火箭才能完成发射任务，如果采用常规化学推进剂，载人火星探测任务的飞行器系统规模在几百吨级甚至上千吨级，需要约十枚左右运载能力为百吨级的重型运载火箭才能完成发射任务。重型运载火箭起飞质量通常可达到几千吨级，对运载火箭发动机推力的需求大幅度提高，研制难度较大，例如，土星Ⅴ火箭的起飞质量约为 3000 吨；它采用 F-1 液氧煤油发动机，单台发动机的推力约为 700 吨。此外，由于重型运载火箭系统规模大幅度增加，箭体直径达到 10 米量级，这对运载火箭的贮箱及箭体直径的加工制造带来了巨大难度，同时对先进制造工艺技术提出了新的要求。

与无人深空探测任务相比，载人深空探测任务飞行器系统规模较大，在实施载人小行星或火星探测任务时尤为突出。为了尽可能地降低系统规模，必须提升深空探测飞行器轨控主发动机的比冲，因此，大多采用低温化学推进或核推进的方式。

采用低温推进系统可提高载人深空探测器推进系统比冲，例如在登月任

务中可采用低温推进技术降低载人登月飞行器系统规模，但与运载火箭采用低温推进系统不同的是，由于长期在轨飞行，必须解决低温推进剂存储及蒸发量控制问题，以减少推进剂蒸发带来的损失；低温推进剂在轨长期贮存、轻质低温贮箱的设计与制造以及低温推进剂的管理等都是关键难点。深空飞行累积空间辐射加热效应将使低温推进剂在飞行过程中不断地蒸发损失，因此对低温绝热材料的需求十分迫切。采用液氢液氧低温推进剂，可利用氢氧燃料电池收集蒸发掉的氢氧推进剂来进行发电，可减少由于采用低温推进剂后发动机过冷排气带来的系统影响，同时，降低对低温推进系统的蒸发量控制指标的要求，因此氢氧燃料电池也是载人深空探测领域特别是载人登月任务的首选能源系统备选方案。

核推进是未来载人深空探测任务的重要选择，未来火星探测任务采用核推进可极大地降低系统规模，缩短任务周期，提高系统效率。核推进首先需要解决反应堆小型化、高可靠问题；核推进发热量较大，需要有效解决热工质流体及换热技术；核推进系统及地面试验也存在一定风险，因此核热发动机试验技术也是难题；此外航天员及灵敏仪器设备等不能受到核污染，还需解决核推进防护问题。

由于载人深空探测任务周期长、耗电量大，可采用核电源技术，进一步降低系统规模，优化系统配置，提高系统利用率。采用空间热离子反应堆实现核电源需要解决发射极和集电极制造技术问题，同样需要解决核辐射的安全技术问题；核电源功率较大，需要解决电功率的控制技术以及空间辐射散热的强化技术问题。

（二）国外研究现状

1. 重型运载火箭发动机

俄罗斯在液体火箭发动机技术领域领先于其他国家，液体运载火箭发动体具有较强的竞争力，相关产品和技术出口美国、欧洲、印度、韩国，其中RD-180、NK-33 液氧煤油发动机出口美国，是美国主力火箭宇宙神和阿塔瑞斯火箭的主动力；“联盟号”“天顶号”和“质子号”运载火箭费效比较佳，是竞争力较强的运载火箭，被欧洲和美国大量引进，用于商业发射，其中“联盟号”是当前国际空间站载人和货运的主力运载火箭。图 3-2 为典型的重型运载火箭发动机。

图 3-2　典型的重型运载火箭发动机

20 世纪 90 年代以来，美国等西方国家开始积极引进俄罗斯液氧煤油发动机，以替代之前发展的固体助推器。引进液氧煤油发动机技术后，美国也进行了相关的研究工作，开展了 RS-76、AJ-800、RS-84 等液氧煤油发动机的研究。近年来，在战神Ⅴ和 SLS 重型运载火箭论证中，考虑到已有的成熟技术和工业体系，NASA 延续了现有的固体助推器和液氢液氧发动机路线。但考虑到成本和环保等因素，在 SLS 火箭后续研发计划中，NASA 提出了两种大推力液氧煤油发动机方案，开始改进 F-1 液氧煤油发动机，并启动了 445 吨级液氧煤油发动机的研制工作。此外，高比冲膨胀循环的氢氧发动机也是液体重型运载火箭上面级发动机的重要选择。

2. 大型箭体结构制造技术

美国土星Ⅴ重型运载火箭为三级火箭，总长 110.6 米。其中二级采用液氢液氧低温推进剂，由铆接壳段、液氢液氧贮箱、推力结构等组成，总长 24.8 米，直径 10 米，液氢和液氧贮箱采用共底结构，用化铣工艺铣出加强筋和网格结构，筒段壁板采用机械铣成型，铣切后滚弯成型。发动机推力结构采用截锥形半硬壳结构，下底 5.5 米，上底 10 米，用隔框和帽形截面的桁条加强。

美国战神Ⅴ运载火箭长 110.2 米，两级结构，第一级贮箱直径为 10 米，第二级贮箱为共底减重结构，贮箱结构材料主要选择 2195 铝锂合金。大型贮箱纵向焊缝采用搅拌摩擦焊接，新研制的搅拌摩擦焊接设备可焊接高 6.35 米、直径超过 10.16 米的筒段纵缝；7 自由度机器人搅拌摩擦焊接系统，可进行环缝以及复杂曲线焊缝的搅拌摩擦焊接，最大直径为 9.14 米，最大焊接高度为 5.71 米。

苏联能源号重型运载火箭芯级采用液氢液氧推进剂，总长 58.7 米，贮箱直径 7.75 米，厚度为 42 毫米，贮箱材料为高强铝合金。筒段壁板厚度为 42 毫米，滚弯成型后焊接成圆筒段，焊缝采用了局部真空电子束焊，再整体数控机械铣加工为正交网格结构；大直径框环采用闪光对焊连接；贮箱环缝和箱底焊缝采用熔化极高频脉冲焊；贮箱焊接采用立式装配焊接，在一个工位上实现焊前铣切、装配、焊接、焊缝 X 光检查等。

3. 高比冲氢氧低温推进技术

美国和苏联在载人登月工程中就已经开始采用低温推进系统作为轨道转移发动机，其中美国采用一台 J-2 氢氧发生器循环发动机，苏联采用一台 RD-58M 液氧煤油补燃循环发动机。J-2 发动机是为了满足大推力、高性能、多次启动能力的上面级发动机需要而设计的。土星Ⅴ运载火箭对 J-2 发动机在绝热、限流孔、热交换器接头方面加以改进，同时三子级的 J-2 发动机具有再次启动能力，启动箱具有再次充氢能力。

苏联 N1 重型运载火箭，其中轨道转移级采用 RD-58M 液氧/煤油发动机，发动机采用补燃循环系统，是应用最多、可靠性最高的上面级发动机之一，RD-58M 发动机采用了多项新技术，这在研制历史上都是罕见的。其主要技术特点包括：推力室采用再生冷却加延伸段辐射冷却相结合的方式，喷管扩张段采用碳碳复合材料；液氧贮箱与氧预压泵直接连接；氧预压涡轮出口排气作为滚控喷管动力；煤油路采用引射泵作为预压泵；化学点火路模块独立；设置了气氧换热器增压氧贮箱和氦气换热器增压燃料贮箱；燃气路和燃料主阀前都设置了流量控制器，控制气路设置了补偿环。

4. 轻质低温绝热材料技术

为降低低温推进剂长期在轨的蒸发量，提升使用效率，主要航天国家均在大力发展高绝热结构及材料技术，用于贮箱的研制。美国洛克希德马丁公司成功制备出了碳纤维复合材料液氧贮箱，并在 X-34 飞行器上获得验证。该复合材料液氧贮箱是采用碳纤维增强树脂基复合材料通过纤维缠绕技术制备而成。波音公司研制用于重型运载火箭的低温复合材料贮箱，并研制出直径为 2.4 米的复合材料低温贮箱缩比件。2016 年 9 月 SpaceX 公司公布的载人登陆火星方案中的星际运输系统（Interplanetary Transport System，ITS），直径 12 米的液氧贮箱采用碳纤维复合材料，已经研制出 1∶1 的实物。在 NASA“星座”计划中 Altair 载人月面着陆器将执行为期 27 天的太空探索任务。由于着陆器采用液氢液氧低温推进剂轻质绝热复合材料低温贮箱，需要控制低温推进剂的在轨蒸发量在可接受的范围内，上述方案中液氢液氧轻质低温绝热贮箱技术均被列为首要攻克的重大关键技术之一。

5. 可再生氢氧燃料电池

在早期的载人航天时代燃料电池就已经开始应用。由于各个时代的需求不同，所选择燃料电池的种类也各有不同，先后使用过普通碱性燃料电池、石棉膜型碱性燃料电池、质子交换膜燃料电池以及可再生型质子交换膜燃料电池系统。NASA 在 1962～1978 年发展航天燃料电池，并成功地将通用电器公司开发的质子交换膜氢氧燃料电池用于双子星座飞行，之后温碱性氢氧燃料电池用于 Apollo 登月飞行，石棉膜型碱性氢氧燃料电池作为主电源用于航天飞机上。但是，碱性燃料电池的高浓度氢氧化钾电解质溶液的腐蚀性造成燃料电池寿命缩短，并且碱性的电解质溶液也会污染所生成的水，导致水无法回收利用。从 20 世纪 90 年代开始，NASA 又重新开始考虑用质子交换膜燃料电池，目前该技术已得到长足的发展，能够满足复杂航天任务需求，使用寿命更长，比功率更高，生成的水可直接饮用。氢氧燃料电池如图 3-3 所示。

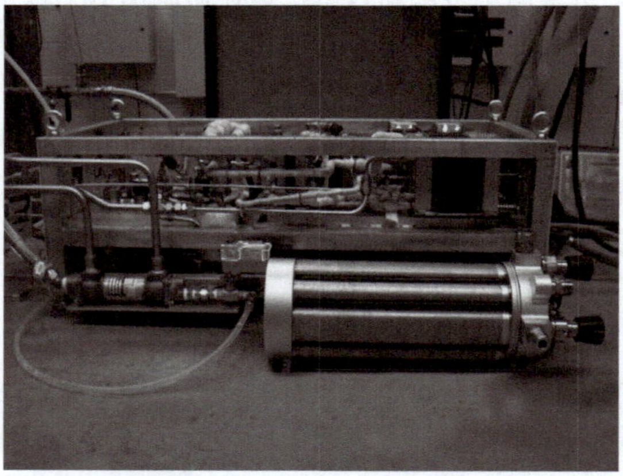

图 3-3　氢氧燃料电池

资料来源：http：//www.nasa.gov

燃料电池和电解器广泛用在 NASA 未来的月球前哨站方案中，与月球着陆器和敞开式或增压式月球车不同，可再生燃料电池的关键应用是作为基地能源。月球由于有月昼月夜问题，即便基地选址在月球南北极的环形山边缘，在任何年份的绝大部分时间内具有连续的太阳照射。但是，即使在这个最佳位置也存在高达每月 6 天的连续月夜，也需要进行大容量的能量储存。

而可再生燃料电池系统可能是最好的解决方案。月球前哨站初步假定的需求是20～40千瓦白天供电水平，10～20千瓦夜间供电水平。如果基地规模增长，需要维持的电量也会进一步增加。

6. 核推进动力发展现状

核推进动力按系统应用方式分类包括：核热推进、核电推进、双模式核热/核电推进以及特殊的核裂变推进、核脉冲推进、核冲压推进。从20世纪60年代开始，美苏冷战时期核弹技术的迅速发展促进了核动力火箭的发展，特别是对深空运输的核热火箭发动机的研究。20世纪90年代，伴随着冷战结束，俄罗斯已无力开展大规模研究，美国则集中精力开展空间热核发动机系统的研究，并取得了较快的发展。从目前各种推进技术能提供的推力大小和成熟度来看，基于核裂变技术的核热火箭发动机是主要发展方向之一，而核聚变技术难度较大，也是主要的研究方向。考虑到载人深空探测对推力和能源均有较高的要求，因此双模式核热火箭动力系统也是重要的发展趋势之一。这种动力系统可在深空探测器需要大推力加速时以火箭发动机模式工作，在巡航阶段可转入发电模式，为深空探测器提供能源。

核电推进技术近年来也有了快速发展，俄罗斯在反应堆核电推进技术应用上遥遥领先于美国，研发出多个系列，发射了37颗核电源卫星，而美国仅发射1颗。目前俄罗斯核电推进集中在百千瓦级和兆瓦级，其热电转换功率约30%，转换效率低推力量级低，设计寿命10年。

各国经过多年的研究，核推进的难点在于反应堆技术存在结构与材料能否适应不同的循环介质、如何实现密封等问题，其他难点还包括热管理、高温涡轮、核防护等。

7. 核电源

美国采取的是先深入发展空间放射性同位素温差电源，后重视空间核反应堆电源的发展思路。从产品和技术角度来看，美国的空间放射性同位素温差电源水平处于世界领先地位，且已经实际服务于多类空间任务，性能成熟稳定。而在空间核反应堆电源方面，美国在发展初期要远落后于苏联，但基于强大的技术力量和经济实力，美国已经显现出了后来居上的发展势头。

目前，美国的空间核反应堆理论研究和试验样机已经与俄罗斯水平相当，在配备空间核反应堆电源的大型航天器设计上甚至还处于领先优势。尤其是近期，基于美国未来空间任务的需求，美国重提要大力发展空间核反应堆电源，又掀起了一轮空间核反应堆的发展热潮。

苏联/俄罗斯在空间核电源的发展问题上与美国的思路有所不同。苏联早期并没有重视空间放射性同位素温差电源的发展和应用，而是将主要精力放在大功率的空间核反应堆电源方面。近期，随着俄罗斯经济的复苏，俄罗斯的空间核电源发展又逐步提上日程，并计划在目前的研究和下一步的发展规划中对空间核电源的研究和应用给予重视。2009 年，俄罗斯总统梅德韦杰夫在国情咨文中明确提出了发展核动力飞船的计划，该计划财政预算为 6 亿美元。

俄罗斯政府在 1998 年发布了《俄宇航核动力发展构想》，强调要继续保持在空间核动力领域的国际领先地位，明确指出空间核动力主要用于发展基础军事技术，满足国防军用需要。根据该构想，俄罗斯的重点技术任务是建立科学技术基础，力保在 2010 年前后研制出电功率为 100 千瓦的空间核反应堆电源；远期研制出电功率为 500 千瓦或者更高功率的空间核反应堆电源，以及宇宙飞船的核“运输-电源舱”。近几年，俄罗斯空间核动力专家一直致力于研制双模式（电源/推进）的核火箭发动机和双模式核电推进系统，用于载人登陆火星任务。

（三）问题解决策略

解决载人深空探测地外天体到达问题，主要研究方向包括以下内容。

1. 大推力液体火箭发动机技术

满足载人深空探测任务需求的重型运载火箭运载能力通常在近地轨道百吨量级左右，核心是研制大推力高比冲的液体火箭发动机。液氧煤油和液氢液氧发动机比冲高、无毒环保、燃烧性能好，是液体运载火箭的最佳动力选择。大推力液体火箭发动机技术的主要研究方向包括以下内容。

（1）大推力液氧煤油发动机技术：①大推力液体火箭发动机分级启动技术；②高温高压富氧燃气摇摆软管技术；③高效、稳定、长寿命推力室技术；④大功率、高效涡轮泵技术；⑤高精度大范围流量调节器技术；⑥大推力液氧煤油发动机制造与试验技术。

（2）大推力液氢液氧发动机技术：①大推力发动机高空点火与启动技术；②发动机结构动力学优化技术；③大热流、高效、稳定燃烧推力室技术；④超大尺寸、高效、轻质喷管技术；⑤低温、高效、高抗汽蚀涡轮泵技术；⑥大推力液氢液氧发动机制造与试验技术。

2. 大型箭体制造技术

大型运载火箭箭体制造的核心是大型结构的加工与装配工艺问题，需开展先进的制造工艺技术研究，突破大型结构制造的瓶颈问题，推动先进制造领域的技术发展。大型箭体制造技术的主要研究方向包括以下内容。

（1）大型金属结构件加工成型技术。

（2）贮箱大型结构焊接技术。

（3）大型贮箱制造技术。

（4）大型结构件装配工艺技术。

3. 先进低温推进技术

先进低温推进系统要求动力装置具备高比冲、一体化、多功能等特点。对于载人深空探测任务，在现有低温推进系统基础上扩大规模，提高可靠性，实现低温推进系统与能源环控系统一体化设计，可以显著降低系统结构重量。先进低温推进技术的主要研究方向包括以下内容。

（1）低温推进剂的存储技术。

（2）低温贮箱设计与制造技术。

（3）低温推进剂增压输送技术。

4. 轻质低温绝热材料技术

轻质低温绝热材料是解决低温推进系统向实用化发展的关键，轻质低温绝热材料应以复合材料为对象。轻质低温绝热材料技术的主要研究方向包括以下内容。

（1）低温环境下复合材料性能演化规律与失效机理。

（2）轻量化高强绝热系统设计与复杂热环境下的传热机理。

（3）低温环境下复合系统的渗漏机制与阻隔机理研究。

5. 可再生燃料电池技术

燃料电池系统直接把化学能转换成电能，其效率通常远高于其他发电装置，更适合作为载人航天大功率、长寿命和高可靠性的宇航电源系统的重要备选。可再生燃料电池技术的主要研究方向包括以下内容。

（1）燃料电池堆技术。

（2）燃料电池系统集成及控制技术。

（3）燃料电池热管理技术。

（4）燃料电池水管理技术。

（5）燃料电池电源多参数协同优化控制技术。

6. 核推进技术

核热推进技术是实现载人登陆火星及以远天体的重要选择，能够显著降低载人深空飞行器的系统规模和质量，是未来实现大规模移民火星的必经之路，主要研究方向包括以下内容。

（1）反应堆技术。

（2）热工流体及换热技术。

（3）核热发动机试验技术。

（4）高温涡轮技术。

（5）核推进防护技术。

7. 核电源技术

空间核电源是把核衰变或核裂变过程产生的热能转化为电能，为空间飞行器提供电力的电源系统，主要由热源和热电转换器两部分组成。空间核电源是未来载人月球基地任务和火星任务的重要选择。主要研究方向包括以下内容。

（1）发射极和集电极制造技术。

（2）核辐射安全技术。

（3）电功率的控制技术。

（4）空间辐射散热的强化技术。

二、载人下降、着陆与起飞问题

（一）问题内涵

载人下降、着陆与起飞（EDL&A）阶段与前后飞行阶段耦合关联性极强，同时存在严格的任务周期限制，短期载人登月任务要求着陆精度优于 1 千米（不含初始测定轨误差），载人月球基地任务则要求着陆精度优于 100 米（不含初始测定轨误差且有月基导航辅助），月面起飞后要求在 4 小时甚至更短的时间内与载人飞船完成交会对接，所以要求确保 EDL&A 的高精度。高精度着陆不仅保证了预期科学探测目标的可实现性，同时也是有效规避行星表面地形障碍的主要手段；高精度入轨则确保能够实现快速交会对接，为航天员安全返回地球建立了基本条件。EDL&A 属于高动态飞行，月面动力下降着陆时间约 700 秒，起飞上升时间约 300 秒，能够获得的地面支持十分有限，必须要求具备自主获得高频率高精度导航信息的能力。载人飞行器相比无人飞行器规模要大出数倍，属于大充液比航天器（推进剂质量占比可能超过 75%），长时间动力飞行过程中飞行器特性会产生剧烈的变化，这给高精度飞行带来了很多不利因素。动力飞行过程中要求航天员所承受的力过载和热过载均处于安全范围内，则要求控制系统准确响应指令，超调幅度和时间都会给航天员生命安全带来威胁。

进行地外天体着陆过程，需要经历减速、接近、悬停、下降等过程，其中减速过程要求飞行器在极短的时间内实现大的速度变化。悬停过程需要飞行器的重力等于发动机的推力。由于大的速度增量带来大量推进剂的消耗，载人飞行器重量会发生巨大变化，从而使减速过程的发动机推力需求和悬停过程的发动机推力需求存在较大差异，因此必须解决深度变推力这一技术难题。相对于现有固定推力或小范围变推力液体火箭发动机，深度变推力发动机调节元件多，调节控制规律复杂，优化喷注器参数，在保证大变比的条件下，双组元喷注速度比和混合比周向分布达到最佳，一方面保证发动机性能，另一方面确保冷却条件变化时室壁和喉部安全，以利于提高发动机身部和喷管的可靠性；在发动机大范围变推力调节过程中，涡轮泵的体积流量和扬程的变化范围很大，要求涡轮泵在非常广的工作范围内都能够稳定工作，并确保较高的效率；此外，大范围流量的精确调节控制也是关键技术之一。未来开展月球基地任务，载人飞行器需要多次往返月面，因此可重复使用也是变推力发动机的一项潜在需求。

载人深空探测飞行器规模普遍比无人深空探测器大几倍甚至十几倍。飞行器以一定速度在地外天体表面实施着陆，由于载人飞行器质量重，导致着陆时刻的动能大，因此要求载人飞行器的着陆缓冲系统要具备更高的能量吸收能力，在有限的时间内吸能减速，确保着陆稳定性。由于有人的存在，还要考虑航天员的过载承受能力，确保航天员在冲击震荡过程中不受到伤害。若采用发动机制动着陆腿方案实施着陆大承载轻质缓冲，结构和材料成为了解决问题的关键，一方面研究大承载缓冲结构，提高大承载高效缓冲性能；另一方面实现飞行器的轻量化，尽可能减轻飞行器重量。

（二）国外研究现状

1. EDL&A 高精度制导导航与控制（guidance navigation control，GNC）技术

Apollo 时代主要依靠雷达和航天员肉眼观测加手动控制为月面着陆起

飞提供导航信息，首次定点着陆任务——Apollo-12 以“勘探者”3 号为目标，在进行多达 7 次人控避障机动后实现了 0.163 千米的着陆精度。这种以简单测量设备和依靠航天员手动控制的方式需要良好的光照及地形条件的支持，在高纬度地区以及复杂地形区域则危险较大。随着光电技术和星上计算能力的快速提高，当前 EDL&A 高精度 GNC 主要建立在多体制敏感器测量和大数据量高速处理的基础上，航天员负责智能决策以及应急情况处理。月球着陆方面，“星座”计划中的“自主着陆避障”项目将广域着陆精度定为 90 米，局部着陆精度定为 10 米。火星着陆方面，目前的无人深空探测任务着陆精度均在 100 千米量级，若实施载人任务则要大幅度提高着陆精度。

NASA 已明确将火星着陆大气进入段的自主导航作为一个重要的研究方向。德州奥斯汀分校针对火星大气模型具有较大不确定性的问题，采用惯性导航数据给出了一种导航方法。加州理工大学发现超高无线电信号可以穿透电离子壳，使着陆器得到更多的观测信号成为可能，并开发了多模型的自适应滤波算法。美国喷气推进实验室（Jet Propulsion Laboratory，JPL）的智能视觉组提出了一套通过图像特征点跟踪与路标匹配相结合的自主导航算法，无需其他导航敏感器的辅助即可以解算着陆器相对目标天体的位置、姿态六自由度状态。

火星着陆必须在气动减速阶段进行制导控制来提高精度，重点在于消除进入过程中引入的进入点航迹角、进入时刻、大气模型、气动参数等误差。主流制导方法是纵向侧向解耦控制，其中纵向制导是根据着陆精度要求以及着陆器纵向动力学，对倾侧角的大小进行规划；而侧向制导只能通过倾侧角符号的改变来调节落点的偏差。纵向制导可以采用成熟的标称轨迹制导，但是大气模型差、着陆器气动参数以及动力学建模误差都会显著影响制导性能，另外要求探测器具有较高的升阻比。侧向制导通常通过倾侧角反转来进行侧向运动控制，因此转化为侧向制导边界的设计问题。

未来的行星探索任务会更专注于具有重要科学价值的区域，然而这些区域往往位于陨石坑、山脊、裂缝等地形特征附近，向这种区域着陆具有很大的风险性。利用着陆器自身携带的地形敏感器自主检测着陆区域的各种障碍，并进行相应的规避，是提高着陆器在危险区域生存能力的有效手段。JAXA 通过对灰度图像进行处理以提取出图像中的特征区域，对特征区域利用阴影成型方法恢复这些特征地形的三维信息并进行分类。JPL 对火星提出了一套火星着陆避障方法，根据障碍检测所得到的局部地形情况选择出安全着陆区域，并根据探测器当前飞行状态和目标飞行状态快速规划避障飞行轨迹，从而实现精确安全着陆。

2. 变推力发动机技术发展现状

美国和苏联在登月着陆器下降级发动机上想尽了办法，针对月球着陆的特点进行了大量关键技术研发形成了非常成熟的研制经验，特别是美国 Apollo 登月计划的 LMDE 发动机成为了变推力发动机的经典。LMDE 发动机采用可贮存的四氧化二氮/混肼-50 推进剂，氦气挤压式供应系统和烧蚀冷却推力室。发动机推力为 46.75～4.675 千牛，变推比为 10∶1。LMDE 采用单个同轴针栓喷注器+可调汽蚀文氏管流量调节阀的“双调”方案。

美国“星座”计划中 Altair 月球着陆器使用的 CECE 发动机（由 RL-10 发动机改进）采用液氢液氧低温推进剂，发动机推力变推比为 10∶1，即使“星座”计划中止了，CECE 发动机的研发工作仍在继续，它代表了新一代月球着陆下降级发动机的发展方向。CECE 验证机是基于 RL-10 发动机作为技术平台，对低温变推力发动机的安全性、深度变推力调节能力、多次启动能力等技术进行预先研究和技术演示验证，其中液氢液氧发动机作为基本演示验证机，液氧甲烷发动机是验证机的第二方案。该发动机采用氢氧泵压膨胀循环，推力室采用不可调高压降同轴剪切喷注器。变推力调节元件包括，氢汽蚀文氏管调节阀、氧调节阀、涡轮旁通阀。2009 年 NASA 宣布 CECE 成功进行从 104%节流到 5.9%热试车，变推比达到 17.6∶1，开创了同类发动机变推力范围新纪录，热试车过程燃烧稳定。截至 2009 年，CECE 技术演示验证机共进行了 47 次热试车，累计热试车时间 7436 秒，如图 3-4 所示。

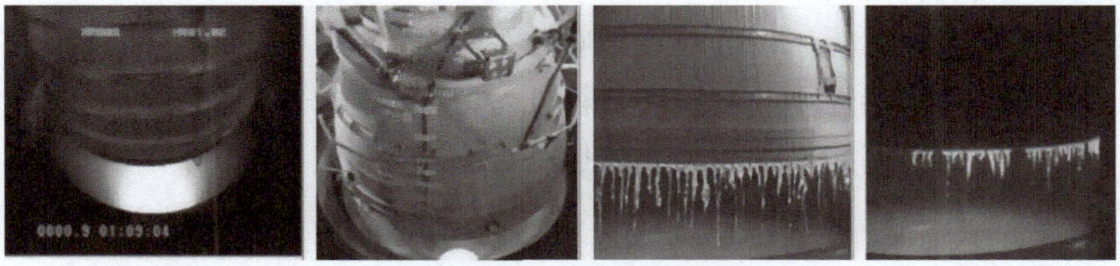

(a) 100%推力　(b) 50%推力　(c) 30%推力　(d) 10%推力

图 3-4　星座计划中 10∶1 变推力登月发动机 CECE

资料来源：http://www.nasa.gov

3. 大承载高效着陆缓冲吸能材料技术

目前常用的飞行器着陆缓冲装置主要有两种类型，即着陆缓冲气囊和着陆缓冲机构（如腿式着陆器）。前者适合着陆质量和体积均比较小的飞行器，如苏联早期的“月球号”探测器、美国的“探路者”号火星探测器、欧洲的“猎兔犬 2 号”火星探测器等；后者利用机械设备的能量转化缓冲着陆时的冲击能量，适用于较大的飞行器。这种缓冲机构特别适合于着陆探测任务完成后，需要携带样品或人员返回地球的探测任务，美国的 Apollo 载人登月舱、“勘察者号”月球探测器、“海盗号”火星探测器及苏联后期的“月球号”月球探测器都采用了腿式着陆缓冲机构。由此可见，腿式着陆器是目前使用最多的一种着陆机构，而且仍将是人类未来深空探测活动首选的着陆方式。

（三）问题解决策略

解决载人 EDL&A 的问题，主要有以下几个重要研究方向。

1. 高精度高安全的 EDL&A 阶段 GNC 技术

高精度高安全 GNC 技术从三个方面进行保证：一是充分考虑着陆目标的特殊性质，建立可靠的相对导航测量模型，结合不同体制敏感器的测量特性进行融合滤波，从而获得高精度的自主导航信息；二是以高动态动力飞行过程中的推进剂液体晃动为重点研究建立载人飞行器高精度动力学模型，要求能够支持根据飞行状态信息对动力学特性进行预测，同时支持针对内外扰动因素进行实时辨识，使有效的控制对象特性参数进入 GNC 闭环；三是考虑避障机动的需求、飞行器控制特性中的非线性因素（耦合、迟滞等），进行制导控制一体化设计，并从制导律快速切换、控制参数敏感性等方面提高制导和控制律的鲁棒性。其主要研究方向包括以下内容。

（1）大尺度转向制导。

（2）基于着陆目标识别的自主导航技术。

（3）控制对象特性高精度建模与特性参数实时辨识技术。

（4）多阶段快速切换制导与鲁棒控制技术。

（5）小天体接近操作技术。

2. 深度变推力发动机技术

深度变推力发动机是地外天体下降着陆发动机的唯一选择，结合载人深空探测任务需求，开展深度变推力发动机技术研究，是解决地外天体安全着陆的关键，主要研究方向包括以下内容。

（1）深度变推力发动机系统调节技术。

（2）深度节流高性能针栓喷注器技术。

（3）大范围变工况涡轮泵技术。
（4）大范围高精度流量调节技术。
（5）可重复使用发动机技术。

3. 大承载高效着陆缓冲吸能材料及结构技术

大承载高效着陆缓冲吸能材料是解决载人飞行器地外天体安全可靠稳定着陆的关键，面向未来载人地外天体着陆的实际需要，研究着陆缓冲材料的作用机理、科学规律和材料制备。TWIP 钢作为大承载高效着陆缓冲吸能主要选择的材料，应作为重要的研究对象，主要研究方向包括以下内容。
（1）TWIP 钢凝固特性及凝固组织形成规律。
（2）塑性变形与组织结构的相关性。
（3）变形过程中的交互作用规律及其在材料力学中的响应行为。

三、进入/再入与返回及回收问题

（一）问题内涵

载人深空探测进入/再入减速过载应在轨道特性和航天医学研究成果的基础上，考虑航天员执行长时间探测任务后体质下降的可能，峰值不应超过航天员耐受水平，且持续时间不应超过正常和非正常情况下航天员耐受极限过载的安全范围。当航天员承受的过载高于这些限制值时，将明显影响航天员的操纵能力，甚至危及生命。

在载人深空探测任务中，进入/再入走廊约束与人员安全密切相关。如果飞行器超出了再入走廊的下限弹道，则进入/再入大气的过程中，飞行器受到减速过载和气动加热，超过设计限值时会造成飞行器结构、载荷及设备的损坏，甚至危及航天员生命。如果超出了进入/再入走廊的上限弹道，则飞行器不能在稠密大气作用下实现规定的气动减速，飞行器可能会弹出大气层，使飞行时间、航程及落点精度超出规定范围。

为保证载人深空探测任务中人员的安全，将进入/再入飞行器的最大过载、最大热流限制在一定范围内，将再入走廊限定在很小的范围内。因此，有必要对高速进入/再入气动设计及试验技术进行深入的研究。

当飞行器以很高的速度再入返回大气层时，其对迎风面大气猛烈压缩并引起摩擦，使飞行器能量的一部分转换为周围空气的热能，该部分热能又以对流和激波辐射传热的方式部分传给飞行器，使飞行器表面温度急剧升高。载人登月飞行器再入地球大气层的初速度接近 11 千米/秒，最大热流密度达到 5 兆瓦/米^2，单位面积最大总加热量达到 700 兆焦/米^2。由于载人飞行器线性尺寸是无人飞行器的几倍，表面积则呈平方关系递增，使得载人飞行器的总加热量是无人飞行器的十几倍乃至几十倍，热防护难度更大。同时载人飞行器对系统结构重量有严格限制，防热结构需采用轻质耐烧蚀材料，如果用于重复使用还需要加以拆卸和更换，这些都增加了热防护的技术难度。

传统的载人飞船一般采用降落伞实现在陆上或海上的回收。在进行重量较大的飞行器回收或重型货物空投时，例如，以第二宇宙速度月地再入返回的载人飞船由于再入速度高、重量大，为保证回收目标可靠安全着陆，往往需要降落伞的面积达几百平方米或几千平方米，给降落伞的设计和试验（包括地面弹射试验、高塔投放试验以及空投试验等）都提出了较高的要求，同时在降落伞的制造过程中，由于降落伞面积大、质量重，工序转换不便，对缝纫机台面尺寸、包装工装和设备以及工装场地等都带来了较大的影响。若进入火星大气层采用群伞方案，由于火星大气稀薄、开伞高度低，因此降落伞不能像地球上的回收着陆那样能够将着陆器减速到较小的着陆速度，所以可采用其他方式实现减速。

最终着陆阶段主要有 3 个方案：一是通过制动发动机减速直接着陆；二是采用着陆缓冲腿；三是用缓冲气囊。不管采用哪种方式，都面临安全可靠着陆的问题。

（二）国外研究现状

1. 高速再入/进入气动设计及试验技术

Apollo 飞船的再入方式为跳跃式再入，从其升阻比和再入角以及再入速度与再入初始段的倾侧角选择来看，标准再入走廊下 Apollo 飞船跃起的高度较小，未跃出稠密大气层。

“猎户座”乘员舱再入大气层，再入过程与 Apollo 飞船再入过程相似。再入点的边界条件为高度 121.92 千米，再入角−6.1°，再入速度 11 千米/秒。由于 Apollo 飞船只在海上着陆，因此对其航程要求较低，“猎户座”飞船为满足着陆美国本土的要求，需要提高飞船再入航程的能力，因此尽管采用与 Apollo 相似的气动外形，但需要对其气动特性有更加精确的认识。

“好奇号”进入火星大气层后采用升力控制，制导律沿用 Apollo 最终段制导律，并实时估计大气密度和风向等数据，融入制导系统中以提高着陆精度。大约在“好奇号”进入大气层后 75 秒，隔热罩温度达到约 2100℃的峰值，过载峰值可达 10～11g。火星着陆任务的特点主要是高马赫数、低密度、低动压以及不确定因素多。火星大气中各种不确定的气象因素多，存在火星风和沙尘暴，影响着大气密度、温度、压力等参数的分布及变化。此外火星大气密度模型的精准程度也影响着火星进入气动设计。

2. 新型轻质热防护结构及材料研究现状

随着现代热防护结构技术向集成化、低成本和高效能方向发展，诸多新的热防护结构的概念被提出来，不再是以往“寄生式”的热防护结构，独立存在于机身结构之上，而是集结构、防/隔热、适度的承载功能于一体，本身既是飞行器结构的一部分，又是热防护系统。针对天地往返、火星进入等飞行器对耐超高温防/隔热材料一体化材料的强烈需求，国内外研究机构相继研制出了一系列具有“超轻质、低热导率、耐高温、微烧蚀”特点的热防护材料，并成功通过飞行验证。航天飞机退役后，美国重点发展的新型深空探测飞行器热防护系统融入了诸多领域的最新技术成果，其中包括 PICA、SIRCA 等新型轻质防隔热一体化材料，并对这些材料的热性能、烧蚀性能、热-力性能及在风洞模拟环境下的响应机理进行了较为充分的研究。NASA 和波音公司共同主持研发的“星辰号”“好奇号”“天龙号”飞行器的迎风面和背风面均采用了以 PICA 为典型代表的轻质热屏蔽材料，并成为未来火星、金星、月球再入和返回的热防护系统的首选或重要方案。

3. 群伞、缓冲气囊与翼伞技术

“猎户座”乘员舱再入大气层，在着陆过程中，指令舱使用群伞和气囊着陆地面。在原计划的初步设计评审前，发现“猎户座”飞船严重超重，最终 NASA 取消了“猎户座”主气囊着陆系统，保留一个小气囊着陆系统，主着陆场由陆地改为海上，保留的小气囊只用于紧急陆上着陆。

Dragon 飞船是一种可重复使用航天器。Dragon-I 采用传统的群伞+水面溅落的方式着陆，飞船降落伞系统由两具减速伞和三具主伞组成，两具减速伞在 13.7 千米处开伞，当下降到 3048 米左右时，减速伞从返回舱上分离。减速伞将返回舱侧壁的防热材料拉豁，将主伞从返回舱底部的伞舱拉出。如果三具主伞中有一具失效，其余两具主伞仍然可以保证返回舱安全着陆。Dragon-II 飞船侧面安装有推进系统，它在底部还配有可以弹出的着陆支架，从而实现着陆地面的目的。采用四台着陆反推发动机实现返回，降落伞作为备份装置。

作为一种经济、可靠的高价值载荷的回收方式，翼伞得到美国相关部门的重视。2002 年洛克希德-马丁公司和 Vertigo 公司论证应用翼伞系统回收重型载荷——Atlas V 型火箭助推器（质量约 9900 千克），研究表明使用现有直升机和翼伞技术，进行火箭助推器回收是完全可能的。2003 年 NASA 与 Vertigo 公司联合开发用于探空火箭（450 千克）和圆锥形载人飞船（270 千克）的翼伞系统，技术方案已经完成，开始进行相应翼伞制造和飞行试验。另外将空中回收系统与大型可控翼伞技术相结合，能够实现空中-海洋的货物运输。货物从货运飞机上空投，可控翼伞将货物运向船舶上空，船舶上的直升机执行空中回收任务，将货物吊挂到甲板上。可以预见，翼伞空中回收系统将得到更为广泛的应用。

（三）问题解决策略

1. 高速进入/再入返回气动设计及试验技术

载人深空探测的高速进入/再入返回气动设计及试验技术是解决载人飞船以第二宇宙速度返回地球，以及着陆有大气的地外天体的关键技术，主要研究方向包括以下内容。

（1）进入/再入飞行器气动外形设计技术。

（2）风洞试验验证技术。

（3）气体表面交互及传导率建模。

（4）气动弹性与气动热弹性效应。

2. 新型轻质热防护材料及结构技术

针对高速进入/再入过程的热防护问题，新型轻质热防护材料及结构技术以超轻质、低热导率、耐高温型特种材料为研究对象，为我国新型载人深空探测飞行器的超轻质、高性能防隔热系统的应用研究提供了强有力的技术支持和理论储备，主要研究方向包括以下内容。

（1）碳纤维网络骨架体系设计和材料优化。

（2）纳米孔酚醛树脂复合短切碳纤维骨架材料的合成和机理。

（3）纤维增强纳米孔酚醛树脂复合组织结构和材料性能控制。

（4）纤维增强纳米孔酚醛树脂复合材料的烧蚀行为和机理。

3. 大承载群伞技术

对于第二宇宙速度高速再入载人飞船，通常采用群伞回收技术。群伞也是一种气动力减速器，依靠其结构形状和性能特征来增大所连接的飞行器气动阻力，用于载人飞船的气动减速和稳定。群伞系统由多顶单伞组成，开伞程序比较复杂，环节比较多，在总装过程中要把各种功能的降落伞（包括引导伞，减速伞以及多具主伞）按先后展开次序装入伞舱。降落伞多采用柔性材料，在制作过程中不像固体金属和非金属材料那样规范、固定，变形量比较大，生产中也不易控制，随机性较大，主要研究方向包括以下内容。

（1）自适应开伞控制技术。

（2）群伞同步性控制技术。

（3）柔性特纺材料测试技术。

（4）群伞包伞及包装设计技术。

（5）群伞系统试验验证技术。

4. 气囊设计与制造技术

缓冲气囊以其较轻的重量、良好的折叠性能、低廉的成本等独特优势，为高价值重型堕坠物的软着陆或回收提供了一种有效的缓冲技术，成为航天航空空投与软着陆技术领域的一个极富应用前景的热点研究方向。主要研究方向包括以下内容。

（1）新型气囊织布材料以及气囊制造技术。

（2）排气控制技术。

（3）气囊着陆后抗反弹和抗倾倒设计。

5. 可控翼伞技术

可控翼伞是根据飞机翼型产生升力的原理制作的一种降落伞，具备优良的滑翔能力、良好的稳定性和操纵性，并能像传统的降落伞一样方便地折叠包装，可用于载人航天器回收等多种应用领域，是回收着陆很有发展前途的一项高水平技术。随着载人深空探测任务载人航天器规模的不断增大，翼伞的面积逐渐增加，技术实现的难度也相应地增加。主要研究方向包括以下内容。

（1）开伞收口控制技术。

（2）可控翼伞的制导、导航与控制技术。

（3）雀降操纵力的计算方法。

第二节　保障人员在长期飞行及长期驻留任务时的居住及生活环境问题

对于载人深空探测任务而言，人类要长期居住和生活，必然离不开居住和吃喝的问题。人类的生存依赖于地球生物圈，在地外天体驻留任务中，宇宙空间恶劣的环境因素，如真空、辐射、高低温、微重力等，会威胁人的生命。要想长期居住生活，必须建立一套完整的地外居住生保系统，并提供必要的食物补给和宜居环境。

保障人员在长期飞行及长期驻留任务时的居住及生活环境问题的解决目标是研制可以自主运行的智能居住系统，确保乘员健康、生活和工作环境，尽量降低必需的后期保障的维修和服务，实现“智能”居住系统和可拓展的居住系统，同时降低系统发射状态的质量和容积，提高乘员的舒适性、安全性和工作效率。此外，为保证地外星体探测过程中环境不受到污染，需对地外星体的环境进行保护。

一、行星表面基地结构及构建问题

（一）问题内涵

载人深空探测任务要进行地外天体表面的长期驻留，第一个必须要解决的问题就是居住问题，行星表面基地的结构和构建必须得到首要的关注。与无人基地不同，由于有了人的参与，行星表面基地必须构建出一个适合人类居住生活的密封空间，为人类生活提供必要的大气、温度和湿度环境。而在对基地进行设计时，应满足每名航天员至少 20 米^3 的活动空间，并充分考虑行星表面的特殊环境和基地建设过程中的工程约束，同时考虑行星表面基地在空间运输、人员长期生存以及未来移民等多方面的需求，具体包含的突出问题如下。

1. 安全问题

与无人深空探测相比，载人深空探测任务行星基地的首要要求就是确保基地人员的安全。行星表面基地在构建的过程中应当避免因某个舱段出现故障而影响其他舱段的安全，此外必须设计应急救生通道，确保每个舱段进入安全区域的路径尽可能短，并且有尽可能多的途径进入安全区域。

2. 宜居性问题

行星表面基地不仅需要给航天员提供安全可靠的工作环境，还必须保证居住人员的健康和舒适，确保航天员在执行长期地外探测任务时的心理和生理安全。为了提高行星表面基地的宜居性，通常需要将行星表面基地进行功能分区，把具有相似功能的设备聚集在一起，把需求相抵触的设备分离开。在分区时有两个基本的主线：安静—噪声，个人—群体。

3. 扩展性问题

行星表面基地的建设是一个循序渐进的过程，应符合行星探测的深入程度。在初级阶段可能只是建设单个或几个舱段，到了中级阶段将进一步扩大规模，到达高级阶段后达到最大规模。基地规模的扩大并非是重新建设一个基地，而是充分利用已有设备在其基础上进行扩展。可扩展性要求基地构型应当为其进一步扩展留有足够的空间和节点接口，并具备一定的可维护性。

4. 高可靠少维护防污染问题

对于载人深空探测任务，航天员乘组的安全和绩效是任务的核心，应该让乘员有较多时间用于执行核心任务活动，花费较少的时间来维护居住系统或者进行后勤管理，因此居住系统的结构和构建必须提高可靠性，所有部组件系统都必须高可靠少维护；同时要注重开发和改善行星防护的技术，用以保护居住系统、乘员和地球，控制减少由于人类操作引起的颗粒污染物、着陆器羽流喷出物以及较大规模的建造和组装技术，预防行星与地球的交叉污染。

（二）国外研究现状

目前虽然还没有任何一个国家完成地外天体表面的基地建设任务，但基地建设却一直是航天强国关注的焦点，也成为后续进行载人深空探测任务的重点研究内容。

1. 移动式月球基地

美国 John Mankins 在 2000 年提出了可居住的机器人（Habitat Robot）概

念“Habot”。Habot 最主要的特点是强调了“小而美”的思想。Habot 包括两大类模块组：居住环境模块组和工作环境模块组。居住环境模块组包括航天员睡眠室、指令通信中心模块、后勤模块、保健模块（如锻炼、娱乐等）。工作环境模块组包括舱外活动通道模块、指令通信中心模块、试验室。

各个模块采用腿式移动，直径包络在 3～5 米，可以单独形成一个临时性月球基地。每个模块均可以从发射或着陆区域自主移动 5～10 千米，可以接收遥操作或者自主控制。月昼期间，各个模块独立工作；在月夜期间，模块拼接在一起。模块采用光伏能源系统，在月昼期间发电和储电。

在航天员驾驶情况下，Habot 在水平月面上的最大速度为 2 千米/时，在崎岖地形中，考虑到安全性，速度降低为 0.5 千米/时。Habot 自主行走的最大速度为 0.5 千米/时。所有的 Habot 在着陆月面时均不载人，可以自主行走约 10 千米，并最终完成拼接。当航天员着陆月面后，利用月面着陆器到达基地所在地，通过出入通道进入基地。为了安全起见，月面着陆器和返回舱将携带航天员出舱设备，以使航天员完成转移。如果月面着陆器的移动装置发生故障，Habot 可以离开基地去着陆场接航天员。Habot 月球基地方案见图 3-5。

图 3-5　Habot 月球基地方案

资料来源：Cohen M M，Arch D. Mobile Lunar and Planetary Bases. AIAA 2003-6280. 23-25 September 2003，Long Beach，California

美国 Frassanito 等提出的 Wagon train 月球基地方案（图 3-6）是一个

典型的月面可移动式组装刚性舱结构方案。基地在月昼期间是一组轮式移动刚性舱，包括月球车综合体、居住舱和移动舱。进入月夜后，各舱段组合一个圆形基地群。该方案的月球基地由一系列的月球车组成。当压力舱模块组装在一起时，车内保持稳定的大气压力，航天员可以在各舱段内自由活动。各个月球车还可以组装成形式多样的构型，甚至可以进行类似“拖车组”式的运动，在感兴趣的地点组成临时月球基地。航天员还可以利用非压力舱的月球车进行局部范围内的探测活动。Wagon train 方案的优点是利用了成熟的轮式车辆技术；缺点是月球基地规模受到移动舱段规模的限制。

图 3-6 Wagon train 月球基地方案

资料来源：Cohen M M，Arch D. Mobile Lunar and Planetary Bases. AIAA 2003-6280. 23-25 September 2003，Long Beach，California

2. 展开式月球基地

美国 JSC 的 LSS Habitation Lead 小组设计了一种扁圆形充气式月球基地方案（图 3-7）。该方案包括两个相同的扁圆形充气式月球基地单元和一个能源供应系统。两个扁圆形的充气式月球基地的单元内直径为 8.5 米，高 3.6 米，体积约为 174 米^3，可同时供 4 名航天员使用，一个用于居住（居住舱），另一个用于试验研究（实验舱）。如果额外增加一个 78 米^3 的充气式后勤保障舱，整个扁圆形充气月球基地可供 4 名航天员执行 180 天的月球探测任务。

图 3-7 扁圆形充气式月球基地

资料来源：Toups L，Kennedy K J. Constellation Architecture Team-Lunar Lunar Habitat Concepts. AIAA Space 2008 Conference，Sept 9-11，2008，San Diego，Cal

3. 建造式月球基地

采用月面资源作为建筑材料的建造式月球基地是另一种结构方案。建造式月球基地，可以建造在月面以上，也可以依据地理形式建造在月面以下，或是半月面以下，甚至是建设在溶洞里。建造式结构扩展性更强，可以根据需要建造成形式多样的月球基地。需要特别指出的是，由于月球表面环境恶劣，需要进行多重防护，防护银河宇宙射线空间辐射和微流星等空间碎片撞击的要求，如果采用岩石屏蔽防护方案，那么厚度不能小于 2 米（可能 10 米或更多）。由于月壤具有非常高的绝热性能，月球地下温度变化也较为平缓，可以使月球基地更容易维持在一个合适的热环境。因此，永久性月球基地特别适合建造于地下，特别是对于长期有人的居住舱。

欧洲的 Susmita Mohanty 等提出了一种构建在月面下的月球基地概念设想，如图 3-8 所示。该基地选址在南极的一个月球坑内，主体结构建在月面下，在月面上也设置一个密封舱，通过挖掘和烧蚀月壤进行月下主结构的构建。月面上密封舱内种植有多种绿色植物，其密封结构采用透明材料，这样便于利用太阳光。月面下密封舱又分为多层，分别用于工作、居住、娱乐等。

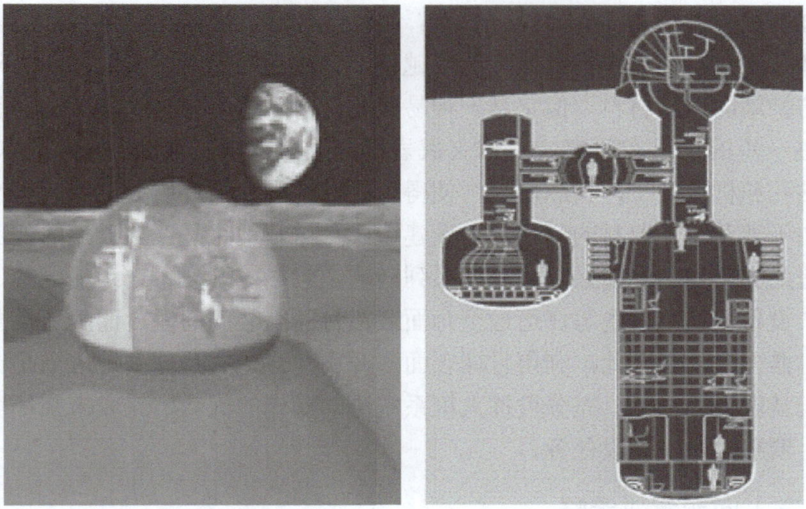

（a）月面上视图　　（b）剖面图

图 3-8　欧洲地下室月球基地示意图

资料来源：Mohanty S，Imhof B，Van Susante P J. European lunar base concepts. SAETechnical Paper Serise，2003

建造式结构常用的材料是混凝土。生产混凝土必需的骨料和水泥，若从地球运输则成本过高，因此在月球上就地取材是今后建立建造式月球基地建筑结构的发展方向。月球表面可以直接应用于建筑的材料主要是月壤和月球岩石。月球玄武岩是月球建筑结构材料的选项之一。制造这种材料可以通过先融化月球上的特殊土质，然后让它慢慢冷却结晶。其整个铸造过程十分简单，真空中的烧融和铸造也会显著提高最终产品的质量。月球玄武岩的发现是人类在月球实施建筑问题上的一个新突破。表 3-1 给出了月球玄武岩的一些基本特性。

表 3-1　月球玄武岩的基本特性

性能	单位	数值
拉伸强度极限	N/mm^2	34.5
压缩强度极限	N/mm^2	53.8
杨氏模量	kN/mm^2	100
密度	g/cm^2	3
温度膨胀系数	$\times 10^6K$	7.5～8.5

由表 3-1 可见，月球玄武岩有很好的抗压性能，又有适中的抗拉性能，很容易被铸造成结构件在建筑中使用。值得强调的是，它的抗压强度极限和

抗拉强度极限大约是混凝土的 10 倍。由于月球玄武岩的高硬度性，所以它很耐磨，在月球环境中具有极大的优越性，它还是构建月面发射场和着陆场碎片防护罩的理想材料。但它是一种易碎的材料，关于材料的疲劳和碎裂还需要进一步的探讨和研究。月球玄武岩的高硬度和易碎特性使得它很难切割、钻孔和机械加工，其高熔点，使得生产过程需要消耗巨大能量。

由于涉及就地取材的问题，建设建造式月球基地将是一项长期的任务。在建造此类月球基地前必须解决一系列问题，包括挖掘设备、运输设备、加工生产设备、切割设备等在运送至月面或在月面组装的问题，而且还需要大量的机器人参与。因此，利用月球表面资源构建建造式月球基地应当是在人类航天员现场参与下，充分发挥人机系统协同操作的优势，完成未知环境下复杂、繁重的操作建设任务。

（三）问题解决策略

行星表面基地结构和构建问题应重点开展以下三个方面的研究。

1. 行星表面基地设计技术

在对行星表面基地的构建方案进行设计时，应当充分考虑基地的安全性、适居性和扩展性，根据基地功能和任务的需要，合理有效划分基地区域，并研究合理的构建评价标准，评价标准应基于影响月球基地构建设计的主要因素，正确有效地实现构建技术的评估，提出改进方法，支撑构型设计优化。行星表面基地设计技术的主要研究方向包括以下内容。

（1）行星表面基地构型评估技术。
（2）行星表面基地构建规划技术。
（3）行星表面基地安全性评估技术。
（4）行星表面基地宜居性设计技术。
（5）行星表面基地选址评估技术。
（6）行星表面基地能源技术。
（7）行星表面基地热控技术。
（8）行星表面基地通信导航技术。
（9）行星表面基地环控技术。

2. 行星表面基地建造技术

行星表面基地的构建有多种形式，包括刚性舱、充气舱及建筑式，也包括固定式及移动式基地，未来具体应用于月球基地及火星基地建设时，更可能是组合式基地建设，主要研究方向包括以下内容。

（1）充气可展开结构及刚化技术。

（2）行星基地原位制造技术。

（3）舱段间连接及气密技术。

（4）基地着陆起飞场坪建造技术。

（5）行星基地地面信标建造技术。

3. 基地全周期高可靠结构维护技术

在基地结构和构建问题中，确保航天员安全是第一位的。行星表面环境恶劣，微流星、沙石等可能会对基地结构造成破坏，月面作业机器人、月球车等装置也有可能出现误操作而导致与基地结构相碰，从而造成结构破损。因此必须进行基地全生命周期的结构维护技术研究，主要研究方向包括以下内容。

（1）结构加固与防护技术。

（2）结构健康状态检测技术。

（3）结构损伤精确定位技术。

（4）结构损伤自修复技术。

（5）基地防护结构及效能评估技术。

二、航天员长期生存生命保障问题

（一）问题内涵

生命保障问题是载人深空探测任务区别无人任务的典型问题。航天员要在地外天体长期驻留生存，首先要保证空气、水、食物的持续供给以及废物的有效处理。

人员的生理需求与约束是载人深空探测任务中生命保障系统设计最基本的驱动力。图 3-9 是人员与生命保障系统的关系框图，从图中可知生理需求包括乘员代谢率与大气、饮食与营养、废物管理等方面的内容。

乘员代谢率与大气需求是生命保障系统设计的重要决定因素，饮食是人类能量的基本来源，人们从蔬菜、水果、肉等食物中获取碳水化合物、脂肪、蛋白质、维生素、矿物质和水等营养成分，支持人类工作学习等行为。航天员的水需求量约 17 千克/（天・人），食物需求量约 1.3 千克（天・人），空气需求量约 0.9 千克 /（天・人）（不算进出舱消耗），共计 19.2 千克（天・人）。如果执行火星任务，假定 3 人乘组 500 天，则所需消耗品共计约 28.8 吨，多人长期驻扎则需要更多。如此规模的消耗品如果全部依靠地面一次性携带，代价巨大，因此必须考虑循环利用方法。生物再生式生命保障技术是解决这一问题的关键，生物再生式生命保障系统的关键环节是利用生物循环实现空气和水的净化、生产食物、处理废物。在生物生长过程中，需要控制气压、气体成分、温湿度等大气环境，并保持食品生产和废物处理过程中的生态平衡，维持系统运行的稳定性。因此，长期生存生命保障问题涵盖的范畴包括植物栽培问题、动物饲养问题、废物处理问题及生命保障系统集成问题等方面，解决这些问题是实现有人参与深空探测任务中人员长期生存的必要手段。

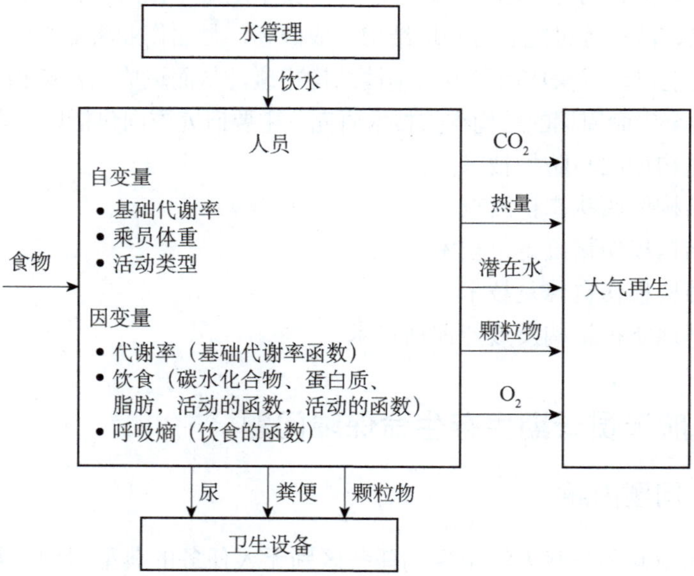

图 3-9　人员与生命保障系统关系图

（二）国外研究现状

1. 美国

美国从 20 世纪 50 年代就开始了生物再生式生保集成技术方面的研究工作。最初建成“小白鼠—小球藻封闭生态系统”，开展了氧气、二氧化碳和食物等生保物资生产技术的研究。

1979 年，NASA 启动了“受控生态生命保障系统项目”（Controlled Ecological Life Support System Program，CELSS），致力于全面利用生态学和

生物学方法和技术系统开展生命保障研究。NASA 下属的肯尼迪和约翰逊航天中心负责开展生物再生式生命保障系统（bioregenerative life support system，BLSS）研究工作（图 3-10）。他们与一些美国大学合作进行了密闭环境下的植物栽培实验，建立了包括著名的生物量生产舱在内的诸多 BLSS 试验装置，同时建立了系统设计数据库，计算确定了在 BLSS 内种植高等植物所需要的空间体积、设备重量和能耗等。

图 3-10　NASA 建立的 BLSS 地面实验系统

资料来源：Wheeler R M，Sager J C，Prince R P，et al. Crop Production for Advanced Life Support Systems-Observations From the Kennedy Space Center Breadboard Project. NASA/TM-2003-211184

20 世纪 90 年代初，美国 NASA 开始主持高级生保计划（Advanced Life Support Project，ALS 计划），即将生物再生生保系统和物化再生生保系统结合起来，建成载人综合再生生保系统。90 年代末开始实施月球–火星生保试验计划（the Lunar-Mars Life Support Test Project），并进行了 4 人 90 天的物质闭环试验，氧气和水达到 100%再生，食物再生率达到 25%以上；通过微生物反应器的降解作用使生物可降解废物循环率达到 80%以上。实验表明，种植面积为 10 米^2 的小麦能够产生 1 个人所需的氧气、4 个人所需的纯净水和 1/4 个人所需的食物（将小麦制成面包）。同时开展了乘员医监医保、心理学、工效学、食品营养学和数字仿真等多方面的研究。

除了 NASA 外，美国的科学家还想建立模拟地球生物圈的 BLSS 系统，用以研究地球的生态变化。1986 年，在 ALS 计划提出后不久，美国富豪 Edward Bass 出资 2 亿美元在美国亚利桑那州的沙漠区兴建了举世瞩目的“生物圈 2 号”（图 3-11）。该系统占地 1.3 平方千米，总体积 1.8×10^5 米^3。曾有 8 名受试者在生物圈 2 号内进行了 21 个月的实验，但因不科学的设计和运行，导致食物短缺、大气中氧浓度不断下降，实验宣告失败。该系统未达到基本物质（食物、空气和水）在系统水平上的平衡。科学家们总结了实验失败的原因：自然界不同于人工控制系统，大而全的设计导致了顾此失彼；“生物圈 2 号”内的土壤均来自一个地方，不像地球那样不同地带有不同的土壤类型；模拟的各类生态系统的空间分布格局及大小比例不合理。

图 3-11　生物圈 2 号

资料来源：http: //biosphere2.org/

为进行密闭时间更长、参加人员更多和物质闭合程度更高的生物再生式生保整合技术研究，中心开始主持建立星球生物再生生保系统实验综合体（bioregenerative planetary life support systems test complex，BIO-Plex）。该系统共包括 7 个舱段，每个舱段直径 4.6 米，长 11.3 米，其中生物量生产舱栽培面积拟达到 180.0 平方米。系统建成后拟进行 4～8 人、2～3 年、物质闭合度达到 95%以上的系统集成试验研究。实验得出种植 43 平方米的高等植物在正常情况下可以提供一个人 90%的食物营养需求的结论。

美国亚利桑那大学进行了月球基地生物生保系统的样机设计，用来保障月球驻地 4 人乘组 6 个月的再供应和乘员换班间隔的需求。月球居住舱可在月球表面自动部署，并可利用月壤进行埋藏。该居住舱可遥控操作而无需驻地乘员介入。这一设计概念包括轻量化的可折叠式膜结构，可自动部署，覆盖月壤对抗宇宙辐射和陨石微粒的撞击，在乘员到来之前建立作物生产系统。

建立月球温室的目的是：验证作物系统中的最大化生产量；验证结构和栽培系统等向月球基地运输的可折叠性和可部署性以及覆盖月壤的情况；验证水循环、大气再生、固体废物循环以及食品生产等。该样机每人所需的栽培面积设计为 28～40 平方米，产生 50%所需的总热量值。双层居住舱位于中心，从其周围辐射到四个温室。

月球转移舱将自动登陆并部署这六个舱；拖拉机将利用月壤覆盖舱体；在第二次月球转移舱的乘员到来之前启动作物培养。可膨胀的膜结构（压力制度为 62 千帕）将能够支撑 1 米厚的月壤。假如，月球居住舱泄压后，可折叠的铝结构能够提供支撑作用。四个月球温室共享营养液供应系统、储水池、太阳能聚焦器照明系统和空调系统等，其位于居住舱中心单元的乘员空间之上。废水加工、卫生间、后收获物加工和储藏等则包含在后收获舱。月球温室有一尚未运行的旋转圆筒形堆肥器，当运行时，该堆肥器能够为其光合作用提供所需的 CO_2，并能降解植物所产生的 90%的废物。美国亚利桑那大学设计的月球温室样机外观见图 3-12。

图 3-12　美国亚利桑那大学设计的月球温室样机外观图

资料来源：http：//www.arizona.edu/

2. 苏联/俄罗斯

在20世纪60年代初期，位于莫斯科的俄罗斯科学院生物医学问题研究所在国际上首先组织了专门的部门开展封闭BLSS设计和空间应用研究。该研究所利用单细胞藻类进行了世界上第一次BLSS实验，在5米^{3}的密闭舱内实现了“人与微藻”系统的气体90%自循环，同时发现系统内部的CO_2、CH_4浓度和微生物数量比较稳定。但是由于藻类的蛋白组成不合理以及核酸含量太高，不能满足航天员的膳食需求，研究转向了高等植物，建立了15米^{3}的地基综合实验系统（ground experimental complex），用以研究“藻-高等植物-人”闭合系统的气体、水、食物循环再生。由于BLSS的闭合度必须经过航天员空间在轨飞行尝试，因此该研究所后期的研究工作任务侧重于在轨飞行条件下BLSS的生物单元研究。

俄罗斯科学院西伯利亚分院生物物理研究所建造了世界上第一座用于研究BLSS的大型地基综合实验装置——BIOS系统。该系统最初仅由一个12米^{3}的舱室构成，内部装有一个18升的藻类培养反应器用于空气再生，主要进行的是气体循环封闭实验，实验过程中需要的水和食物全部由外界提供并预先储藏在系统中。有实验结果表明，该系统在气体循环方面可以实现部分闭合，能满足一个人约20%的物质需求。为了进一步提高闭合性，研究人员在原系统的基础上进行了扩建，增加了一个2.5米×2.0米×1.7米的植物生长舱，将系统升级为BIOS-2。植物舱在保障气体净化效率的同时还可以提供部分食物。经过四年的系统实验，证明BIOS-2在气体循环方面能够完全闭合，其中约25%的O_2由绿色植物来再生，其余部分由微藻来完成。1972年，研究人员在上述工作的基础上建造了300米^{3}的系统——BIOS-3，试图使物质循环实现完全闭合。BIOS-3分别于1972年、1976年、1983年冬天进行了4～6个月的系统实验。实验结果表明，63米^{3}的植物种植面积使该系统在气、水循环方面实现完全闭合，并满足3名实验人员约70%的食物需求。BIOS-3（图3-13）是迄今最成功的BLSS实验系统，它为后来其他国家开展相关研究奠定了基础。尽管BIOS系统的密闭有人试验已经在80年代结束，但是改进BLSS各个生物单元效率，提高生物单元之间的耦合程度，完善生物单元的调控策略，从而进一步提高BLSS系统的闭合度与稳定性一直是俄罗斯从事生命保障研究的科学家长期追求的科学目标。

目前，他们计划建立“BIOS-4”。该系统较“BIOS-3”规模更大，参试人员更多，并计划与德国波鸿大学合作，将其密闭平衡生物水生系统引入

“BIOS-4”系统，生产鱼类（如草鱼和虹鳟鱼）和藻类蛋白，以进一步提高食物供应的闭合程度和食物种类的多样性。

3. 欧洲

1989 年，由 ESA、比利时、西班牙、加拿大共同资助，正式启动了微生态生命保障系统研究计划（micro-ecological life support system alternative，MELiSSA）。多所大学、研究所和公司等在 ESA 技术中心的统筹管理下共同开展此项研究，并同德国、爱尔兰、荷兰和俄罗斯等多家研究机构有着密切的合作。MELiSSA 系统由相互连接的多个舱室组成，如图 3-13 所示，主要包括：Ⅰ-废物降解室，主要由嗜热厌氧细菌反应器构成；Ⅱ-光合异养食物生产室，主要由光合异养细菌反应器构成；Ⅲ-硝化室，主要由亚硝化细菌和硝化细菌反应器构成；Ⅳ-光合食物生产和大气再生室，其中一部分由微藻（spirulina platensis）反应器构成，另一部分由高等植物构成；Ⅴ-乘员室。

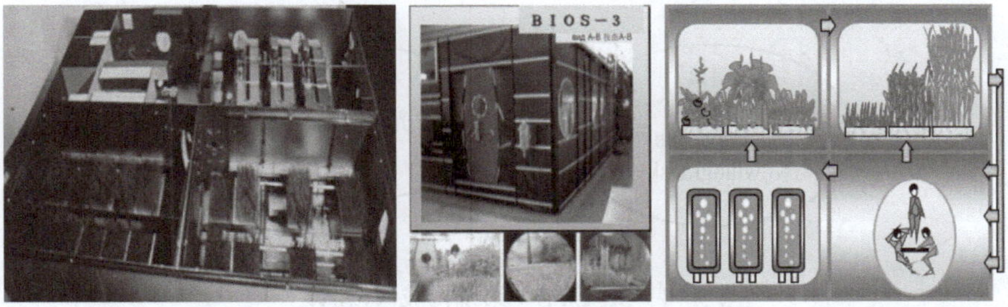

图 3-13　BIOS-3 系统（俄罗斯）

资料来源：刘红，Gitelzon I I，胡恩柱，等. 生物再生生命保障系统理论与技术.北京：科学出版社，2009：174，175

MELiSSA 系统（图 3-14）于 2008 年进入整合阶段，实验装置设在西班牙巴塞罗那大学，计划到 2015 年完成。最终的目标是要实现水、气循环的完全闭合，满足一个人 100%的 O_2 需求和至少 20%的食物需求。

4. 日本

1988 年，日本环境科学研究院开始筹建一座密闭生态实验系统（closed ecology experiment facilities，CEEF），如图 3-15 所示。1994 年该系统开始动工兴建，1998 年完成。JAXA 组织了各主要研究机构和高校的研究人员，以此系统为平台开展了大量针对 BLSS 技术的理论和实验研究。

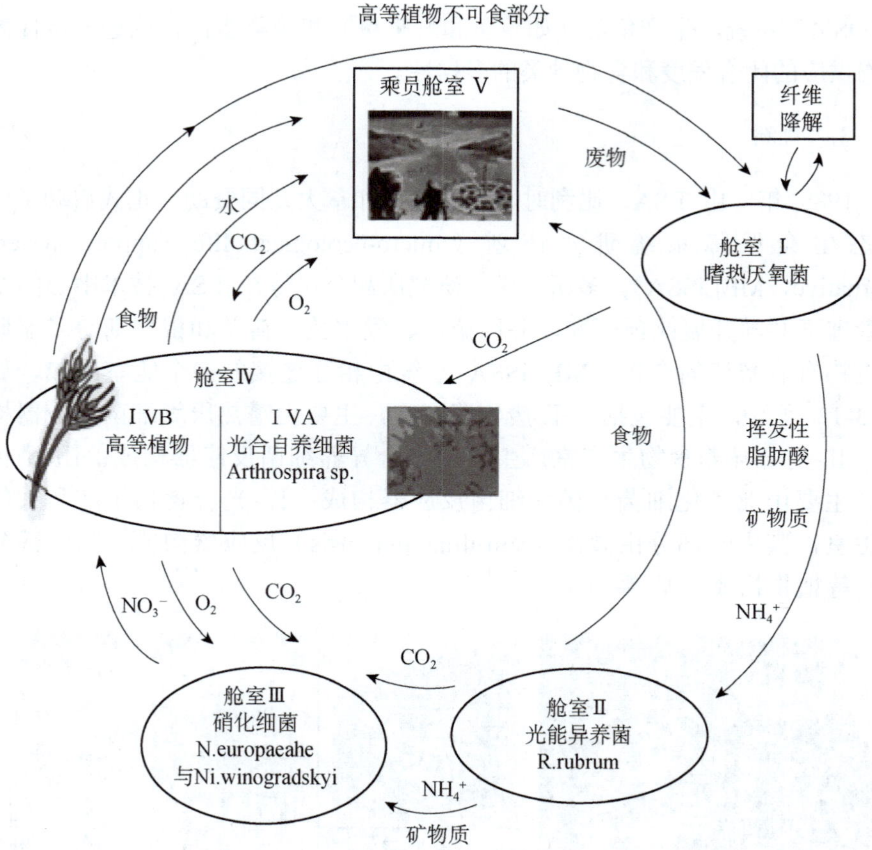

图 3-14 MELiSSA 系统构成（ESA）

资料来源：Lattenmayer C. Preliminary evaluation of growth kinetics with ammonium as nitrogen source in the photoautorophic compartment of MELiSSA，ESA/EWP-2127，2001

在结构上，CEEF 主要由密闭植物实验舱、密闭动物饲养舱、人居住实验装置以及密闭岩石-水圈实验装置四部分构成。各装置可以独立运作，也能彼此组合开展研究。在密闭条件下，整个系统的物质循环由物理化学设备严格控制；系统与外界环境之间只有能量交换和信息传递。CEEF 系统的一个重要特点是引入了动物单元。此外，它完全采用物理化学处理设备处理废物，各单元之间的物质交换也都通过物理化学设备进行。其优点是加速系统物质循环，并且利于控制，不足之处是忽略了地球生态系统中非常重要的一个圈层——微生物，而且系统过于庞大，且需从外部对系统进行控制。

图 3-15　CEEF 系统（JAXA）

资料来源：Nitta K，Gtsubo K. Integration test project of CEEF-a test bed for closed ecological life support systems. Advances in space research，2001，26（2）：335-338

早在 2004 年，CEEF 项目组就提出了载人 2 年密闭的试验，但迄今为止，仅进行了最长为期两周的“人-羊-高等植物”密闭试验。俄罗斯学者推测大量使用物理化学单元而不依靠生物单元维持 BLSS 系统的稳定性是造成 CEEF 系统不能长期密闭运行的一个主要原因。

（三）问题解决策略

解决航天员长期生存生命保障问题的生物再生式生保技术是一个涉及植物、动物、微生物等多学科交叉与综合技术领域，包含着大量的基础和应用基础的研究内容，也是多种技术门类并存的异常复杂的工程系统，需要解决涉及植物栽培、动物饲养、废物处理等大量关键而复杂的技术难题。

1. 植物栽培技术

植物是生物再生式生命保障系统的重要组成部分，也是建立生物再生式生命保障系统的理论基础。植物作为生物再生式生命保障系统的核心组分，保证了生物体的物质和能量供应，也是水分和大气再循环的推动者。植物通过光合作用、呼吸作用和蒸腾作用维持了生物再生式生命保障系统中各分系统之间的相容性和系统稳定性。研究生物再生式生命保障系统中植物的培养技术，探索提高空间环境下植物的生产率以及物质循环能力的途径，是构建生物再生式生命保障系统的关键问题。主要研究方向包括以下内容。

（1）空间栽培植物品种筛选。

（2）空间环境对植物光合作用效率影响。

（3）植物的光合作用、呼吸作用和蒸腾作用等过程活动规律。

2. 动物饲养技术

在生物再生式生命保障系统中，饲养动物不仅可以为航天员提供动物蛋白，丰富食谱，保证航天员身体健康，而且可以消耗废物和不可食生物量，提高系统的闭合度。主要研究方向包括以下内容。

（1）空间环境下动物的适应性反应机制。

（2）低重力条件下动物的水分养分供应技术。

（3）动物的生长发育及遗传变异等特性和规律。

3. 废物处理技术

采用生物处理技术对废物、废水、废气进行处理和资源回收利用，是实现物质循环完全回路闭合的良好途径，也是生物再生式生命保障系统的重要功能。由于受到空间狭小、微重力、密闭等因素的影响，地面上广泛采用的废物/废水生物处理技术不能直接移植于太空，必须对相关技术开展深入研究，探寻水、气、固态物质形成闭路循环的方式和途径，这也是生物再生式生命保障系统需要解决的关键问题。主要研究方向包括以下内容。

（1）密闭环境中固体废物高效再生循环利用技术。

（2）密闭环境中废水高效再生循环利用技术。

（3）密闭环境中废气高效再生循环利用技术。

4. 生命保障系统集成技术

载人深空探测任务中生物再生式生保系统往往是以植物和微生物等生物部件为主份、以物化再生部件为备份组成的混合式环控生保系统，主要依靠植物和微生物生产氧气、食物和水，净化废物、废水和废气，实现系统的基本自主循环运行。如果植物和微生物的上述能力不能完全达到或运行过程中出现意外无法完成以上功能时则需要启动物化再生系统，实现以上生物功能的补充或应急处置，确保系统中物质流的动态平衡调控和整体安全平稳运行。主要研究方向包括以下内容。

（1）生物与物化方式结合的生物可降解废物处理技术。

（2）系统物质流动态平衡调控技术及机制。

（3）封闭系统长期运行时组织生产。

三、行星表面基地能源问题

（一）问题内涵

充足的能源供给是行星表面基地正常运行的基本保证，是整个基地运行和维护的前提。与无人任务相比，载人行星表面基地任务能源规模更加庞大。行星表面基地能源需求来自通信导航、生命保障、热控、作业等各系统。

根据国外的调研资料，基于太阳能的短期月球基地能源系统运营规模至少应大于 10 千瓦。对于长期月球、火星驻留任务而言，与航天员有关的居住生活、照明、图像话音传输、娱乐、健康支持、卫生系统等需要能源供给；生物再生式生命保障系统的维持需要能源供给；基地的建设、维护和发展等工程作业需要能源供给；载人机动车辆、机器人等行星表面作业的支撑设备需要能源的补充。这些都导致载人行星表面基地能源消耗量巨大，能源问题是保证人员驻留期居住生活的突出问题。行星表面大规模能源需求带来的问题有以下几个方面。

1. 夜间供电问题

由于昼夜交替的存在，行星表面夜间无法采用传统太阳能发电方式进行供电，而蓄电方式难以维持如此大规模长时间的能源供给。因此，一方面，需要开发不依赖太阳能的新型能源技术；另一方面，采用行星轨道的空间太阳能电站可有效地避免上述问题，而空间太阳能电站必须解决大规模能源无线传输问题。

2. 可靠性安全性问题

由于行星表面基地有人的存在，极大地增加了对能源系统可靠性安全性的要求，因此必须保证能源系统处于健康监控状态。当能源系统某些部件发生故障时，需保证能源的持续稳定供给，并能够快速排除故障。

（二）国外研究现状

美国、俄罗斯、欧洲都开展了大量的行星探测和行星基地研究，提出了多种可用于空间环境应用的能源解决方案。

1. NASA 月球基地能源系统设计

2006 年 12 月，NASA 对外公布“重返月球”计划，其核心目标是 2024 年在月球建立永久性基地，月球南极有望成为首选地点。建成后，月球基地将保证宇航员在月球上长驻 180 天。NASA 的该项计划开启了新一轮月球探测的热潮，随之 NASA 陆续开展了月球基地相关技术的研究，其中，对月球基地能源技术进行了重点研究。

计划中的月球基地被布置在月球南极附近，目前空间可利用或正在开发的能源系统有四种：放射性同位素温差发电器、光伏、太阳动能和空间核能系统。放射性同位素温差发电器已经被应用到行星探索任务，寿命期望值达 12 年。放射性同位素温差发电器具体功率大约为 4 瓦/千克，一般局限于低功率应用，通常不超过 500 瓦。光伏能源系统已应用于多种轨道的卫星，如果能够持续获得日光，当前的光伏系统可发电 50～60 瓦/千克。太阳能动力发电系统使用聚能器将太阳能集中到高温接收器，然后使用该能量加热动力能源转换系统的工作流体，还可加热给处于阴影位置的热能源存储装置。热能通过动能转换方式高效地转换成电能（20%～30%），多余热量通过散热器排出。在核反应堆空间能源系统，反应堆将热能直接提供给能源转换系统，然后使用高温散热器排出废热。上述提及的每个能源系统都可能在月球基地应用，各有利弊。放射性同位素温差发电器和光伏能源系统已经被广泛应用到太空中，太阳动能和核反应堆空间能源系统尚在研发。

2. 月球、火星核电站

2011 年，美国宇航局和美国能源部提出合作实施一项计划，在月球、火星以及其他行星上建造核电站，为有人或无人基地提供电能。新型核裂变供电系统反应堆大约 1.5 英尺[①]宽、高度大约为 2.5 英尺，体积与手提箱相

---

① 1 英尺= 0.30 米。

当。此外，该种核电站无需建造冷却塔。核裂变发电系统是一个紧凑型系统并且安全可靠，是在其他星球上建造前哨或者栖息地的关键。核裂变发电技术可用于月球、火星或者美国宇航局需要获得连续电力的任何地方。

太阳能与核能反应堆之间最大的差异是核能反应堆能够在任何环境下发电。裂变发电系统不依赖阳光，能够在夜间或者恶劣环境下产生大量而稳定的电量。月球上的核裂变发电系统可以产生 40 千瓦以上的电量，与地球上 8 座住宅的用电量大致相当。除此之外，核裂变发电系统能源应用于很多复杂地形地区，如陨石坑、峡谷或者洞穴。

行星表面基地能源技术相对于其他空间能源系统呈现出以下几个方面发展趋势。

（1）从多种能源系统发展向核能、燃料电池集中。

一直以来，在人类进行空间探索与开发过程中，太阳能都是最常见的能量来源，无论是空间站还是月球基地，太阳能都是能源供给的重要组成部分。而对于行星表面基地而言（如火星基地），太阳能仅是一种可能的选择或临时的选择，由于行星表面光照强度以及可能的大气环境等不利因素，能够自给自足的核能、可再生燃料电池成为能源系统的新宠。

（2）从大型发电系统向小型化、模块化发展。

原来的行星能源系统设计方案均以提供能源为设计前提，为了实现满足基地能源供给的电能，一般不得不将能源产生装置设计得比较大，一般核能系统均大于 3 吨。随着技术的不断发展，当前设计的能源供给系统（一般为核能系统）越来越小型化、轻型化，配合先进的机器组装技术，向模块化方向发展。

（3）能量管理系统从程序化向智能化发展。

原来的空间能源系统管理还需要人员的介入，在必要的情况下，航天员对能源系统的发电、分配及消耗进行控制，需要航天员参与处理系统的异常和故障。随着现代计算机技术、智能处理技术的发展，越来越强调能源系统的状态智能感知，故障智能处理最终向无人化发展，将显著降低航天员的工作负荷。

（三）问题解决策略

行星表面基地能源问题应主要开展以下 3 个方面的研究。

1. 先进模块化轻小型核能技术

该技术主要研究小型化核能系统的模块化技术：单个发电系统包括核反应堆、防护屏、制冷系统、控制系统等，可方便地在行星表面进行机器或人工的组装；而对于大型行星基地，包括多个核能发电模块系统复用技术，通过功能叠加的方式进行扩展和组装。该技术需要遵守的原则是简化结构部件复杂性、减少结构部件数量、标准化的机械和电气接口、降低单个组件质量，同时兼容高重力和低重力环境。对新型先进模块化轻小型核能及其组装技术的研究将填补我国小型化核能技术空白，同时推动材料学、热力学等多个学科的发展，而小型化、模块化核能系统也将广泛应用于多种能源需求，具有十分重要的战略意义。行星表面基地轻小型核能技术的主要研究方向包括以下内容。

（1）轻小型核能模块化设计及组装技术。

（2）空间核能反应堆防辐射技术。

（3）核反应堆散热及余热复合利用技术。

2. 无线能量传输技术

无线能量传输（wireless power transfer，WPT）又称为无接触式电能传输，指的是电能从电源到负载的一种没有经过电缆直接接触的能量传输方式。根据传输机理的不同，针对行星表面基地能源问题，主要研究方向包括以下内容。

（1）激光无线能量传输技术。

（2）共振无线能量传输技术。

（3）磁耦合无线能量传输技术。

3. 能源系统健康监测及智能处理技术

重点研究对能源系统的能源供给系统、能源分配系统、能源存储系统的运行状态进行实时的自主监测，对运行中发生的异常、故障基于人工智能、故障树、专家库等的自动化处理，同时可根据监测的结果对行星表面能源基地能源系统的工作情况、寿命、故障进行预测，最终实现能源系统运行的全自动化、无人化，降低航天员的工作负荷，提高系统运行的可靠性和稳定性，主要研究方向包括以下内容。

（1）能源系统自主实时监测技术。

（2）能源系统故障预警技术。

（3）能源系统自动化控制技术。

四、行星表面基地热控问题

（一）问题内涵

与无人深空探测任务相比，航天员参与的行星表面基地规模更大，系统更为复杂，热耗也相对大大增加，热控制问题是保证人员能否生存、设备能否正常运行的关键问题。另外，与近地轨道热环境相比，行星表面热环境的特点是温差大、昼夜过渡期间温度变化快。针对行星表面基地工作期间经历的特殊热环境及行星表面基地面积大、工作时间长等特点，需选择温差较小、温度变化较低的区域建立行星表面基地，以减轻行星表面基地热控系统的压力。载人行星表面基地热控制问题存在以下特点。

（1）载人行星表面基地的外形尺寸、总质量和内部发热功率均比无人基地大得多，热量主要集中于密封舱内，而且内部热负荷变化也较大。整个行星表面基地热负荷可能达到上百千瓦，因此热量的排散成为十分关键的问题。

（2）载人行星表面基地与无人基地及飞行器的一个重要区别是增加了环境控制系统。环境控制系统与热控系统存在较多的物质及能量的耦合。基地需要支持航天员长期驻留，因此必须满足载人的温湿度环境、通风环境以及污染物浓度控制等环热控要求，能够适应热负荷与驻留人数等变化。一方面，这种耦合关系增加了热控制问题的技术难度；另一方面，环热控系统的联合设计为增加系统效率、降低系统重量提供了重要途径。

（3）载人行星表面基地工作模式复杂，基地的热控设计要适应不同阶段的不同工作模式（包括无人值守与有人驻留状态、不同人数、不同有效载荷）的热特点与热要求，热控系统需能够覆盖基地的全部工作模式，特殊载荷的热控要求更高。

（4）行星表面低温状态下温度过低，需要施以加热保温措施，但传统的电加热耗能较大且无法满足行星表面基地夜间保温需求，因此需要将核能源的废热加以利用，从而利用大量的热能来维持行星表面基地的温度。

（5）载人行星表面基地的长寿命要求热控方案具有更高的可靠性、安全性与可维修性设计。

综上所述，针对载人行星表面基地对热控制系统的需求，热控制系统需要运用各种热控手段，既要保障设备温度在要求范围内，又要保障基地人员有舒适的活动环境。在与来访航天器对接期间，除保障自身温度外，还需完成对停靠航天器的热支持。热控制系统不但要保证单模块内设备和乘员环境满足指标要求，还要适应组合体间的能量调配以及单模块热控制系统发生故障时组合体热控制系统的调整。

（二）国外研究现状

1. 行星表面基地热量传输

从国外发展情况看，泵驱两相回路是解决行星表面基地热量传输问题的重要手段。20 世纪 80 年代，美国和俄罗斯开始开展泵驱两相回路基础理论的研究。1994 年重新设计前，国际空间站美国、俄罗斯负责的部分均采用泵驱两相回路，后由于热源数量减少，改为泵驱单相流体回路。1997 年 STS-85 任务搭载的 NASDA 和 TOSHIBA 研制的 TPFLEX 为泵驱两相流体回路的首次搭载。2011 年发射的 AMS02 泵驱两相流体回路系统为泵驱两相流体回路的首次在轨应用。在泵驱两相流体回路的研究过程中，各国开展了大量关于空间沸腾换热、流型、流态的研究工作。

2. 行星表面基地热量排散技术

自 20 世纪 80 年代中期开始，航天大国开始致力于热泵排热系统的研究，用于解决大规模热量排散问题。从国外的研究情况看，比较适合于在行星表面基地上应用的热泵是机械式蒸汽压缩热泵。

1977 年， ESA 的 Berner 等开始研究将蒸汽压缩热泵应用于航天任务，提出以蒸汽压缩热泵作为单机制冷设备，为某些重要物品提供所需的低温环境。Berner 研制了适合航天应用的小型往复式活塞压缩机。另外，为了在微重力下得到足够的蒸发和冷凝换热系数，设计必须保证换热器管壁的润湿率。此系统中换热器管道被设计为螺旋形，以较小的半径缠绕，通过离心力迫使制冷剂液体与管壁接触。同时管道内径也相对较小，以使流速增加。

1989 年美国 Mainstream 公司的 Scaringe 等分析了蒸汽压缩热泵在航天热管理系统中的应用前景，提出了能量匹配的思想，即利用高温废热驱动热泵，减小对电的消耗。航天器上热泵所需的电能来自于太阳能电池帆板，但如果有高温废热，如核能或太阳能动力系统的废热可供利用，由热机驱动的热泵将体现出更好的性能。根据这一思路，Malnstream 公司研制了先进的高温热驱动热泵。Scaringe 等对蒸汽压缩热泵的研究一直持续至今。

NASA 从 20 世纪 80 年代中期开始研究蒸汽压缩热泵系统在航天领域的应用。NASA 所属的乔治•马歇尔空间飞行中心于 1985～1993 年开展了一项针对空间站热量存储系统和制冷系统的研究，其中一个子项目是研制在微重力条件下运行的蒸汽压缩制冷设备。此项目使用改进后的膜片式压缩机，避免润滑油与制冷剂蒸汽接触。蒸发器和冷凝器的设计思路最初是小管径、大长度、高雷诺数，以保持高度紊流，避免在微重力下出现恶化传热的环状流。但是此设计必然使换热器压降增大，使管道壁厚增加，从而使系统质量增加。改进换热器设计方案后，蒸发器和冷凝器均被设计为螺旋形。研究还涉及压缩机选型、制冷剂选择、压缩机润滑方案、设备密封方案、轴承材料研究等多个方面。

3. 核能源系统废热利用问题

从国内外核反应堆系统的方案来看，大部分采用热管辐射器排出废热。散热系统由三部分组成：传热热管、散热热管、散热辐射器。

传热热管的作用是将热量从核反应堆中提取出来。为了有效地利用热管将热量携带出去，不造成局部高温，将热管和核反应堆的燃料棒均匀布置在反应堆堆芯中。热管采用镍基合金 NiCu28-2.5-1.5 作为管壳材料，采用钠作为工质。为了满足不同负荷时的热量传递，采用可变热导热管。由于冷有芯贮气室可变热导热管布置容易、占用空间小，系统采用冷有芯贮气室可变热导热管作为改变工作状态的载体。

散热热管的作用是将热电转换系统没有利用的热量从接收极中提取出来，输送给辐射器，释放到外部空间中去。散热热管将热电转换系统和辐射器连接起来，在二者之间传递热量。散热热管采用圆管式，与热电转换装置均匀布置。热管采用镍基合金 NiCu28-2.5-1.5 作为管壳材料，采用钾作为工质。

目前，世界上对于空间核能源系统废热利用的问题还处于概念研究阶段，比如在月球基地中如果使用核能源系统，可以将核反应堆产生的废热通过散热热管排散到月表 1m 深处以下的恒温层，在月夜时再由热泵系统将恒温层内的热量传输至载人月球基地内部，由此实现对核能源系统的废热利用。

（三）问题解决策略

解决行星表面基地热控制问题应重点研究以下内容。

1. 大规模热量传输技术

泵驱两相流体回路系统是利用工质在循环流动过程中的蒸发吸热和冷凝放热过程，进行热量的收集、输运。由于两相系统利用相变即蒸发-凝结过程传递热量，而液体的汽化潜热比单相液体的比热容高两个数量级。因此，所需的循环工质流量很小，泵功率和管道尺寸减小，整个系统质量和消耗功率将大幅度降低，是解决大功耗、长距离传输问题的有效途径。行星表面基地大规模热量传输技术的主要研究方向包括以下内容。

（1）泵驱动两相流体回路技术。

（2）高温流体回路技术。

2. 高效热量排散技术

高效热量排散是解决行星表面基地热控制问题的重要环节。热泵系统能够通过提高辐射温度实现热量的高效排散。热泵是一种热力学系统，由压缩机、冷凝器、膨胀器、蒸发器和连接管路组成。压缩机给系统做功，工质在压缩机被压缩成液体后温度和压力上升，在冷凝器处以较高的温度向环境散热。同时热泵排热系统还具有很强的热管理能力，热泵回路将星球基地产生的废热温度提高，可以作为热源代替电加热器为需要加热的器件提供热量，与直接电加热相比可以节约电能，实现能量的综合利用。行星表面基地高效热量排散技术的研究方向包括以下内容。

（1）高效热泵技术。

（2）高效自适应辐射器技术。

3. 环热电一体化技术

未来载人深空探测飞行器以及基地规模较大，采用环热电一体化设计方案，可以将能源系统的废热进行有效地利用，同时能够解决系统质量、体积等问题。

针对行星表面基地热控问题，环热电一体化设计技术的难点是核能源系统的废热利用以及燃料电池系统的温控与基地热控系统的联合设计技术。因此，环热电一体化技术的主要研究方向包括以下内容。

（1）核反应堆余热复合利用技术。

（2）燃料电池热管理技术。

五、行星环境保护问题

（一）问题内涵

人们进行对外太空生命的探索，希望能够在其他的星球上发现生命体。但是，可能出现的一种令人尴尬的情况就是：如果有朝一日真的在外星球上发现了生命，而同时却发现这些生命实际上却是来自于地球！

行星环境保护问题的引出便是基于此，人类所关注的问题主要包括两个方面，一方面是地球生命（如微生物）对地外星体的污染，这会对地外星体的生命探索活动产生干扰，甚至影响到地外星体的生命活动特征。据相关研究和统计表明，在 20 世纪 60 年代，NASA 从无人驾驶的飞行器上采集到的微生物载量大概是每个飞行器上有 10^4～10^8 个微生物，主要包括链格孢属（alternaria）、曲霉属（aspergillus）、平脐蠕孢属（bipolaris）、念珠菌属（candida）、枝孢霉属（cladosporium）、镰孢霉属（fusarium）、毛霉属（mucor）、青霉属（penicillium）和木霉属（trichoderma）；而采集到的常见的细菌属包括不动杆菌属（acinetobacter）、产碱杆菌属（alcaligenes）、芽孢杆菌属（bacillus）、棒状杆菌属（corynebacterium）、短杆菌属（revibacterium）、黄杆菌属（flavobacterium）、微球菌属（micrococcus）、葡萄球菌属（staphylococcus）和链球菌属（streptococcus）。相比之下，由于载人飞行器一般在严格度相对不太高的环境中组装，并且由于宇航员自身携带的微生物会对飞行器产生一定程度的污染，所以载人飞行器上的生物载量会比无人飞行器更高一些，种类也更多一些。据研究表明，从飞行器和飞行器组装车间中分离到的微生物中，85%～95%是来自于人，余下的来自于一般环境中的土壤或灰尘，其中芽孢杆菌属含量最多，约占 10%。这些微生物的存在对地外星体的环境存在极大的威胁。另一方面，对于无人返回任务以及有人任务而言，由于目前除了地球以外的其他星体还不能确定是否有生命的存在，所以地外星体对地球污染的可能性也不能排除，因此人类开展深空探测，行星环境保护问题不容忽视，而且随着深空探测的不断深入，这一问题的重要性也越来越明显。

（二）国外研究现状

在 1967 年的联合国外太空协议（UN Outer Space Treaty of 1967）中明确规定，从事包括月球在内的外太空研究的国家和地区，都应该避免对地球对外太空造成有危害的污染，同时也需要防止由外星球对地球环境带来的改变，为达到这样的目的，必要时需要采用适当的措施和遵守相关的规定。因此，为了给太空探索活动制定相关的国际标准程序以避免有机物污染和生物污染，同时给具体的太空活动提供可接受的指导方针以遵守联合国外太空协议和其他相关国际协议，空间研究委员会（Committee on Space Research，COSPAR）颁布了“行星保护政策”，规定对于特定的太空探索活动，需遵守相关政策的规定、结合特定的要求对污染进行控制。虽然太阳系中其他生命是否存在还为未可知，但对外星球生命的科学探索活动不应对外星球的环境造成危害（正向污染，forward contamination）；此外，也需要对地球进行保护，以避免航天器从外星球返回地球时带回外来物质，从而对地球环境造成潜在的危害（逆向污染，back contamination）。

美国为降低微生物的污染几率，NASA 的航天器是在超洁净的房间中组装完成的。这类超洁净的环境被认为是一种极端环境。车间内是营养贫瘠的，而且还需要进行反复的消毒处理。此外，空气中的颗粒物质会被过滤掉，空气也会维持在一个较低湿度的水平。大多数航天器表面都是由人造材料制成的，如抛光的金属。因此，不难看出，组装车间的环境对于抗逆性强的微生物而言具有选择性。需要特别指出的是，短小芽孢杆菌已经从航天器和组装车间中多次被分离到，而短小芽孢杆菌芽孢的抗逆性比实验室常用的枯草芽孢杆菌芽孢的抗逆性还要强。这就意味着存在于航天器外表面的一些微生物可能抵抗外太空或者外星球（如火星）上的恶劣环境而生存下来。

由于对于生命体检测的手段多种多样，有的用以检测活体生物，有的用以检测细胞内含物，也可以叫做生物标记，所以在结合传统培养方法的基础上，洁净间内部执行关于行星保护相关的工作还包括越来越多地使用新的、能迅速检测细胞内分子的一些方法，如检测 ATP、内毒素、氨基酸和 DNA 等。NASA 正在进行相关的研究，期望能发现一些新的检测手段，这样就能够检测更多的综合生物标记，在比目前检测方法灵敏度更高的水平上对生物污染量进行检测。

对于以后来自于火星的样本返回任务，NASA 开发了一套严格包括物理和化学测试、生命检测分析和生物危害评估在内的评价体系，该套体系将在具有 BSL-4 级别和超洁净度的称为“特殊样本接受房”中进行。

（三）问题解决策略

行星环境保护面向“正向污染”和“逆向污染”两个方面采取措施，重点研究以下两个方面。

1. 飞行器灭菌处理与生物净化技术

为了避免“正向污染”，主要是避免飞行器从地球将微生物带入地外星体，因此主要是进行飞行器的隔离和灭菌处理。对飞行器的组装需在洁净间进行，如果微生物超标，需选择合适的灭菌和生物净化方法进行处理，对微生物进行有效控制，并进行微生物的测量评估，以满足深空探测对行星环境保护的相关规定和要求。飞行器灭菌处理与生物净化技术的主要研究方向包括以下内容。

（1）飞行器综合灭菌与微生物控制技术。

（2）微生物精确测量与评估技术。

2. 返回样本隔离存储技术

为了避免任何外太空物质释放到地球生物圈，样本必须被完全控制住。可能需要指出的是，为了保存好样品，最基本的就是进行密封处理，从而确保样本的纯净。返回样本隔离存储技术的主要研究方向包括以下内容。

（1）返回样本精确检测过滤技术。

（2）返回样本严格密封存储技术。

第三节 保障人员在地外天体的大范围机动和作业问题

人类到达地外天体，进行探测和作业是必不可少的环节，随着探测的不断深入和任务周期的不断延长，人类将进行包括地形探测、资源探测、资源采集（开发）、资源运输、资源处理、科学实验、建造维修等在内的各种作业活动，最终目的是进行各种科学研究、实现星球占领和开发利用。

与无人深空探测不同，载人深空探测主要采用人机联合作业的模式，充分发挥航天员的主观能动性，提升探测系统的判断力、决策力和执行力，但同时也引入了一些必须要关注的重要问题，如载人机动系统问题、航天员出舱活动支持及能力增强问题、航天员参与的维修作业问题、原位资源利用问题以及月球/行星科学的深度认知问题等。

保障人员在地外天体表面的大范围机动和作业问题的解决目标是研发有助于行星探索的机动系统和作业机器人，解决核心技术，拓展人类活动范围，增强人类作业能力。

一、载人机动系统问题

（一）问题内涵

人类到达一个新的陌生地域，首先要做的事情就是对地域环境进行探测与考察，获取探测区域的地形地貌环境信息。对于长期驻留任务而言，大范围的机动是支持航天员作业任务的必要手段。行星表面载人机动系统包括可提高乘员安全性和效率的巡视器、扩大舱外活动范围的交通工具等（含表面机动系统和空间机动系统）。这些交通设施对于人类乘员的行星表面操作和构建基地基础设施都是必不可少的，从而使得构建月球基地、实施小行星采矿及前往火星等任务成为可能。

表面机动系统是指在月球、小行星、火星等粗糙表面地形中行进的系统，类似地球上的车辆，作为支持大范围机动的行星表面机动工具，行星表面车辆无疑是优选。空间机动系统是指在微重力环境下或者在有大气层天体的大气中航行的系统，包括气球、飞艇、巡飞器及火星飞机等，可以帮助乘员进行快速的转移和运输。与无人深空探测相比，载人深空探测任务在载人机动系统方面存在以下特点。

1. 机动速度要求更快

无人深空探测任务中的表面机动系统大多是各种巡视器，机动过程基本采用自主、半自主模式，因此速度很慢，轮式机动速度小于 200 米/时，腿式机动速度迈一步的规划时间约为 20 分钟，理想状态下无人深空探测行进 100 千米至少需要 21 天（不考虑夜间休眠）。而由人驾驶车辆的移动速度至少可达到 10 千米/时，一天内即可完成 100 千米纵深探测。但由于行星表面环境恶劣，土壤松软，不利于机动系统的高速运行。例如登陆月球这样的低质量、低重力天体导致机动系统牵引力小，不但影响机动速度，还有可能造成车辆颠簸倾倒，因此如何在特殊地外天体条件下实现快速机动运输的问题十分突出。此外，随着地外星体探测的不断深入，大范围星球占领、人类移民等活动的不断展开，进行短时大范围的地域转移（数百公里乃至数千公里以上）成为可能，对于有大气的星体（如火星），除了表面行进车辆外，飞艇、飞机等交通工具同样是一种很好的选择。

2. 承载能力要求更大

与无人深空探测任务相比，有航天员参与的深空探测任务通常要在地外天体进行大范围的机动作业，采集成倍重的实验样品，进行深度钻孔取样、安放人工月震仪、进行原位资源加工利用等，需要在机动系统上搭载人员、实验设备、机器人、携带应急救生设备等，因此对机动系统的承载能力提出了更高的要求。

3. 具备持续机动的环控生保支持能力

航天员进行地外天体表面机动时，无法像无人巡视器那样长时间的工作，航天员必须穿着航天服，作业时间受到环控生保支持能力的限制（航天服支持时间约为 8 小时）。随着行星表面探测的不断深入，探测区域必然会不断扩大，这对机动系统搭载航天员的机动范围提出了新的挑战。除了提升机动系统速度之外，实现移动居住的一体化设计可以为航天员实现更大范围的机动作业提供保障，这一问题是值得考虑的关键性问题。

4. 满足人机工效学的要求

由于有人的参与，人机工效问题不容忽视，如航天员操作的舒适性、便捷性、活动的自由性、视场的广阔性、信息获取的简洁性等。

因此为解决上述问题，需要对满足载人深空探测要求的机动系统展开研究，面对不同星体表面作业任务的需求，机动系统主要包括非密封载人行星车辆、密封增压载人行星车辆以及有大气天体的大气层内飞行器，如火星飞机等。

（二）国外研究现状

1. Apollo 载人月球车

在美国 Apollo 计划的第 15 次、第 16 次和第 17 次任务中，均使用了载人月球车。Apollo 载人月球车为一辆电驱动的四轮载人月球车，如图 3-16 所示。

LRV（lunar roving vehicle）由美国宇航局马歇尔空间中心出资，由波音公司承包研制。除电缆固定位置、翼子板折叠锁死机构等细微变化外，三辆 LRV 基本相同，采用轮式移动系统，可实现月球表面的快速机动，月球车具体参数如下。

（1）展开包络尺寸：长 310 厘米，宽 183 厘米，高 114 厘米。

（2）空载质量：209 千克。

（3）满载质量：689 千克。

（4）座位：单排 2 座。

（5）设计工作寿命为 78 小时。

（6）LRV 使用“T”形操纵杆而不是方向盘，能够实现前后变速运动及制动。

（7）LRV 使用两块 36 伏银锌电池供电，每个电池为 115 安·时，包括 23 个单元，质量是 26.7 千克，每一套均能满足任务要求。

（8）LRV 能翻越 35 毫米高垂直障碍，70 毫米宽的沟壑，爬坡度为 25°，驻车坡度为 35°。LRV 的静态稳定性为 45°（任意方向）。

（9）LRV 导航系统能够计算出到登月舱的距离和方向以及行驶里程。其相对于登月舱的定向精度为 6°/5 千米，相对于登月舱的定位精度为 600 米/5 千米，行驶里程精度为 2%。

图 3-16　Apollo 载人月球车

资料来源：http：//www.nasa.gov

2. 月球车移动平台“战车”Chariot

针对美国星座计划，NASA 在 2008 年开发了既适用于非压力舱又适用于压力舱的月球车移动平台“战车”Chariot（图 3-17），主要用于月面大承载运输和探测。Chariot 于 2007 年 4 月完成了底盘部分的设计；2007 年 8 月，产品完成组装；2008 年，进行了野外试验。Chariot 具体技术指标如下。

（1）承载两名航天员，紧急情况下可以承载 4 名航天员。

（2）最大载重量 450 千克。

（3）最大速度 20 千米/时。

（4）活动范围 25 千米。

（5）能够爬 15°坡，可以跨步移动。

（6）具有自主驾驶、远距离操纵以及航天员驾驶三种工作模式。

（7）具有原地转向、行进间转向和蟹行能力。

图 3-17　Chariot 月球车

资料来源：Bauman S，Lewicki D. Refined Gearbox Design for the Chariot Lunar Rover. Proceedings of the 40th Aerospace Mechanisms Symposium，NASA Kennedy Space Center，May 12-14，2010

3. LER 增压式月球车

LER（lunar electric rover）增压式月球车是一种可支持长期月面作业的月球车，如图 3-18 所示。其通过模块化设计，在“战车”月球车的底盘和运动系统的基础上增加了一个供乘员使用的密闭舱。密闭舱的空间可轻松的容纳 4 人同时工作。LER 的配置可支持 14 天探测活动。正常情况下，乘员通过车体侧面的车门进出密闭舱。LER 后部固定有两套经特殊设计的舱外服。舱外服背部与车体之间设计了对接口，航天员可以直接从车体内的对接口钻入舱外服。LER 的进出舱设计在最大程度上减少了月壤、月尘对舱内空间造成的污染。

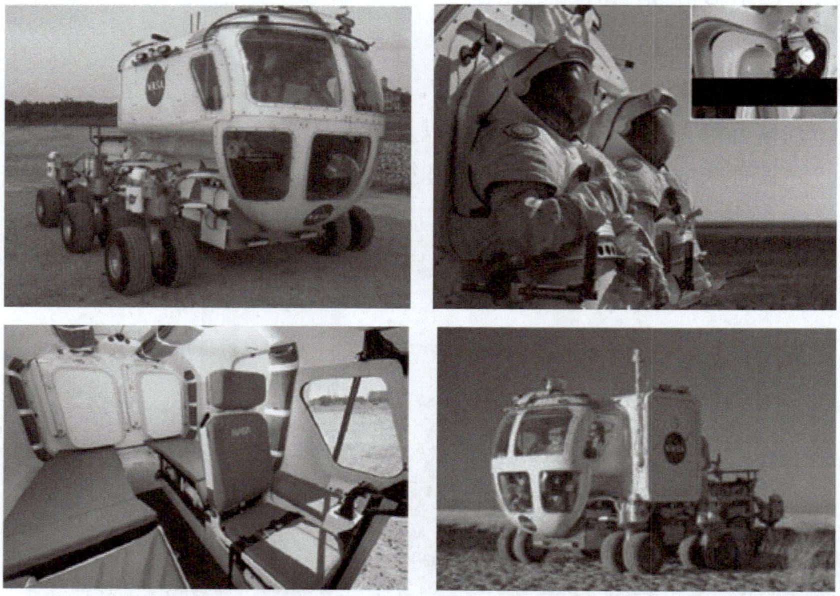

图 3-18　密封增压车 LER

资料来源：Litaker H，Thompson S，Howard R. A Comparison of the Unpressurized Rover and Small Pressurized Rover During a Desert Field Evaluation；NASA/Johnson Space Center. Internal NASA Document

4. ATHLETE 增压式月球车

美国 NASA 研制了一种新型的可移动式增压系统 ATHLETE（all-terrain hex-legged extra-terrestrial explorer），其将一个密封舱体组装到一个可移动的六轮腿系统上，作为一个可移动的小型基地使用，为航天员提供临时的居住场所。该系统的特点是轮腿结合式运动系统的设计，不仅有腿足还装备有车轮。在平坦的地表上利用轮式运动获得较高的移动速度，遇到障碍时转换为腿式行走方式轻松的脱困并继续行进，如图 3-19 所示。

图 3-19 NASA 轮腿式增压车

资料来源：Sunspiral V，Wheeler D W，Chavez-Clemente D，et al.Developmentand Field Testing of the Foot Fall Planning Systemforthe ATHLETERobots

5. 月球极地探测器

这一概念设计为整车重 23～25 吨，由直径为 1.5 米的四个车轮驱动，采用燃料电池提供能源，如图 3-20 所示。探测器可承载 3 名航天员，可搬运 500 千克的挖掘钻取设备，同时设计了一个机械臂，可提起 50 千克的有效载荷。

图 3-20 月球极地探测器

资料来源：Zakrajsek J J，McKissock D B，Woytach J M，et al. Exploration Rover Concepts and Development Challenges；AIAA–2005–2525.2005.3

6. MSTS 火星表面运输车

MSTS（mars surface transportation system）（图 3-21）由弗吉尼亚东理工学院和波音公司联合研制，具有多种构型，由 4 个独立可遥控的轮式运输车组成，每个运输车有 4 个车轮。

图 3-21　MSTS

资料来源：Zakrajsek J J，McKissock D B，Woytach J M，et al. Exploration Rover Concepts and Development Challenges；AIAA–2005–2525.2005.3

7. 增压式火星车

还有一种用于火星探测任务的增压式火星车（图 3-22），该火星车可搭载两名航天员，紧急情况下可搭载 4 名航天员，火星车可支持连续 20 天的作业任务，重 16.5 吨，密封结构采用圆柱形，端部配有球形的气闸舱，采用同位素电源，可提供 10 千瓦电能，采用轮式移动系统，车轮直径为 2 米，移动速度可达到 10 千米/时，最大移动距离可达到 500 千米。

8. 火星飞机

美国 NASA 设计了一款火星飞机，这款火星飞机可以在火星搜索着陆地点，NASA 计划在地球 3 千米高度进行测试飞行，该试验状况可以模拟火星大气层环境。火星飞机原型叫做“火星登陆初级研究气动设计飞行器”。试验飞行将验证这款无人火星飞机如何工作，进行相应的修改使其在未来火星着陆器减速伞中部署。火星飞机机翼至少达 60 厘米，质量不足 0.45 千克，采用复合材料、玻璃纤维或者碳纤维制造。

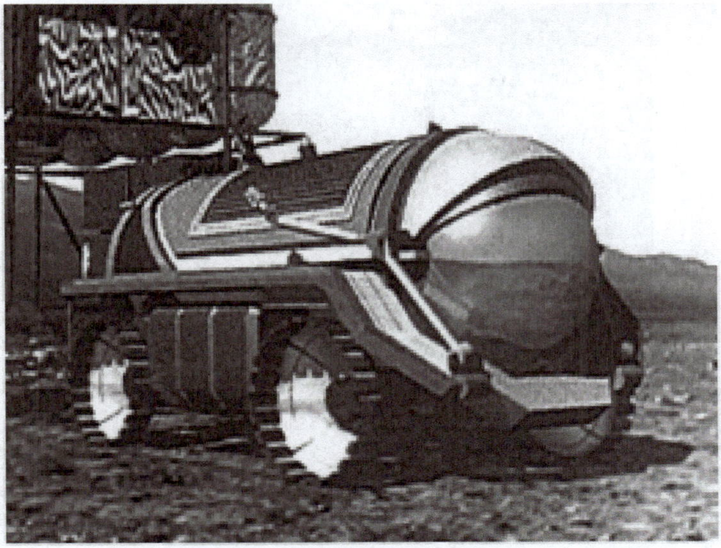

图 3-22　增压式火星车

资料来源：Zakrajsek J J，McKissock D B，Woytach J M，et al. Exploration Rover Concepts and Development Challenges；AIAA–2005–2525.2005.3

此外，NASA 设计开发了一款火星飞机（图 3-23），实际上是一架以火箭为动力的小型飞机，由火箭助推发射后能在火星表面以约 322 千米/时的速度进行采样和测量。与其他火星探测器不同的是，这款名为 ARES 的火星飞机的探测任务时间非常短，设定的探测时间是 2h，而已经抵达火星的勇气号和机遇号火星车预计可运行 3 个月，甚至在 6 年后仍可操作。火星飞机将在隔热罩的保护下进入火星大气，利用降落伞逐渐接近地面。当到达距火星表面 1.5 千米左右时被释放，利用火箭作为动力进行飞行。ARES 原计划加入 NASA 火星探索项目，不过 NASA 并未将其列入其中。

NASA 的喷气推进实验室（JPL）设想可以由未来的火星漫游车携带一架小型的火星直升机。这种直升机可以在火星上飞行 2~3 分钟，可以飞到几百米的高空，它拍摄的图像要比在火星轨道器上用高分辨率相机拍摄的清楚得多，此外还可以担任中继通讯的功能。欧洲、俄罗斯和日本也在开展火星航空器的研究工作，他们曾开发出第一架用碳纤维和轻质材料做的样机，两翼能折叠，

图 3-23　NASA 设计的火星飞机（人类第一架火星探测飞机）

资料来源：http://mil.huanqiu.com/gt/2012-11/2673868_15.html

折叠后两翼宽不到 1 米，重量不到 3 千克；牵引螺旋桨安置在机头，两翼和机身铺满了太阳能电池，机翼下挂带两架高清晰度照相机。

大型载人火星直升机速度的限制跟地球的直升机一样，主要是当速度增加时，桨叶上的气流会因达到跨声速而出现激波，从而使阻力大大增加。因此，一般限制桨叶叶尖气流的马赫数不能超过 0.5~0.7。由于火星上声速要比地球低，在火星上直升机的最大航速也要低于地球，而且火星大气稀薄，在升力受限时，只能从减轻结构重量着手。火星直升机关键是要研发适用于机身、桨叶、桨毂、传动系统等的高强度轻质材料。

9. 火星飞艇

对于火星等有大气的星体进行探测，国际上提出了火星飞艇等新的概念，如图 3-24 所示。飞艇采用了长径比很低的钝椭球形艇体，此形状有利于减缓飞艇环向张力。为降低结构质量，飞艇不设置副气囊，而是借助矢量推进和气动升力调节高度。推进动力通过化学燃料发动机提供，可支持飞艇以 10 米/秒的速度巡航 1440 千米。当燃料耗尽后，飞艇可利用剩余浮力继续开展一定时间的无动力漂浮探测。

（三）问题解决策略

支持载人深空探测航天员的行星表面大范围机动，需配备载人行星车辆、巡飞器等机动设备，主要研究方向如下。

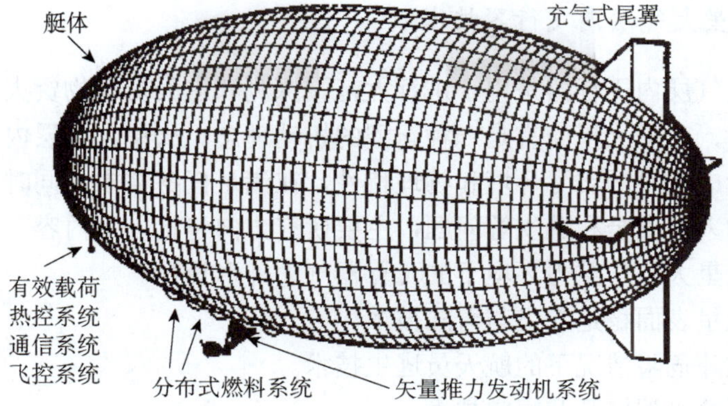

图 3-24　火星飞艇设想图

资料来源：范春石，王彦广，马蓉等.深空自主飞艇探测器技术发展. 航天器工程，2012，Vo 1.21 NO.2

1. 非密封载人行星车辆技术

非密封载人行星车辆技术是支持航天员短期行星表面机动作业的重要技术，是解决航天员小范围机动问题的关键，需要解决保证车辆在行星表面高速平稳的移动，人机工效学设计，车辆隔振设计等关键问题。主要研究方向包括以下内容。

（1）非密封载人行星车辆高速平稳移动技术。

（2）非密封载人行星车辆车体结构重构技术。

（3）非密封载人行星车辆人机工效学。

（4）非密封载人行星车辆振动隔离技术。

2. 密封增压载人行星车辆技术

密封增压载人行星车辆技术是支持航天员长期大范围机动的重要设施，可为航天员提供较长时间的环控生保支持，是月球基地、火星基地等载人深空探测任务的重要支撑系统。密封增压载人行星车辆的最大特点是多了一个密封增压舱体，因此，在考虑车辆高速移动设计的同时，更多的要考虑车辆增压环境的设计以及安全性防护等问题，因此密封增压载人行星车辆涉及许多关键问题，主要研究方向包括以下内容。

（1）密封增压载人行星车辆增压环境控制技术。

（2）人车接口设计技术。

（3）密封增压载人行星车辆安全性设计与防护技术。

3. 火星大气层内飞行器技术

火星大气层内飞行器是用于进行大范围探测和航天员与物资大范围转移的重要工具，对于火星而言是一种新型的机动理念。火星大气层内飞行器在设计上要考虑火星的实际环境和物理特性，在满足任务需求的同时要考虑故障状态下的人员安全和逃生等问题，主要研究方向包括以下内容。

（1）火星大气与重力环境下的飞行器气动外形设计。

（2）火星表面稳定起飞与着陆技术。

（3）故障危险情况下的航天员逃生技术。

（4）折叠机翼展开及固定技术。

（5）轻质柔性材料充气展开及钢化技术。

二、航天员出舱活动支持及能力增强问题

（一）问题内涵

在载人深空探测任务中，为保证航天员出舱作业的安全和工作效率，必须解决出舱作业活动的支持问题，这是无人深空探测任务不需要面临的问题，主要包括两个方面。

1. 航天员作业保护问题

在地外天体表面进行作业的过程中，由于地外天体存在辐射、尘土甚至毒气等特殊的环境，航天员不可能像在地球上一样的生活和工作，在地外天体作业必须对航天员进行保护和生存支持，穿着航天服是一种重要的技术途径。传统的航天服质量重（约 90 千克）、灵活性差，在地外天体表面作业时，对移动能力、作业能力存在极大的影响，精细工作基本无法完成。因此对于新型航天服的研究提出了挑战，包括材料的选择、构型的设计、人机工效等问题，需达到各方面的有机融合，才能满足舒适性、机动性和灵活性的要求。

另一方面，航天服的设计还应该考虑航天员作业的助力问题。航天员长期在轨飞行，登陆至地外天体表面，经历了多种重力环境，重力环境的变化对于航天员的生理机能存在不利影响，将会导致其作业能力有所下降。失重时作用于运动器官的重力负荷消失，人在维持姿势和进行运动时不需要对抗重力的作用，长时间的作用将引起肌肉系统的废用性变化。长期飞行后，即使采取一定的防护措施，肌肉萎缩症状仍会发生，从而影响航天员的作业能

力。因此，对于助力方法和设备的研究是一个关键问题，需要从助力原理、结构设计、材料选择等几个方面进行综合分析。

2. 人机联合作业问题

人机联合作业是载人深空探测任务的基本特征，人机配合协同作业是主要的作业模式。地外天体对于人类来说十分陌生，且存在无处不在的危险，而且对于一些大型的工程任务，不可能也无法完全由人独立完成，必须辅以相应功能的机器人（如大型工程机器人等）来完成，人与机器通过合理的功能分配可达到人机系统的最大效能，因此这就需要面临两个问题。

首先是机器人的智能自主控制，机器人需要具备高度的智能化和自主性来满足独立完成任务的要求，这也符合无人深空探测向载人深空探测不断循序发展的规律。机器人的自主控制能力以及在地外天体表面的作业能力是开展人机联合探测首要解决的问题。

其次是人机交互的问题，由于机器人的智能化程度和自主控制的能力有限，在有人情况下会比无人状态发挥更大的效能，且人机协同作业是载人深空探测一种最为重要的执行模式，因此必须建立人与机器人之间的沟通渠道。当前的人机交互模式多为操控面板或者操控杆的模式，面向未来载人深空探测任务，传统的人机交互模式存在问题，如航天员穿着航天服影响了航天员对仪表或控制杆等设备的操作灵活性，地外天体恶劣的环境影响了航天员的可视程度和操作便宜性，功能多样的机器人可能会导致仪表操作界面以及操作过程过于复杂，影响交互与控制的流畅性等。因此利用语音交互技术、脑-机接口技术等先进的交互技术方法为解决人机交互问题提供了一条新的途径。

因此，针对航天员出舱活动支持问题，重点应开展适应月球、火星活动的先进舱外服技术，通过智能化机器人和先进人机交互技术发展人机联合探测，实现航天员地外天体表面活动的有效支持，满足地外天体实地作业的需要。

（二）国外研究现状

1. 航天服技术

NASA 正在为未来深空探测任务设计新型航天服，即 Z 系列航天服。为满足未来人类登陆地外天体并进行作业，航天服需要具有高移动性及灵活性。2012 年，NASA 公布了 Z 系列航天服的第一款产品 Z-1，并进行了相关试验，测试了服装性能，特别对航天服舱门这一新概念进行了验证。Z-1 航天服是 Z 系列航天服的第一款产品，属于 NASA 研制的第二代航天服。航天员穿着该服装可直接与探测器或居住舱连接，而不需要传统的气闸舱系统。Z-1 航天服适用于行星表面任务，由软式上躯干、软式下躯干、手套组件、靴组件及半球形头盔组成。除一些硬式活动部件外，服装的主要结构是由柔性织物制成，因此 Z-1 航天服通常被称为软式航天服。服装采用两层设计，内层由涂有氨基甲酸乙酯的尼龙制成，可以保存空气；外层由涤纶制成，可以保持宇航服的形状。Z-1 航天服安装有肩部 3 轴承（袖孔、中肩、上臂）、腕部、腰部、臀部、大腿、踝关节等轴承，并采用了若干软式活动部件以保证加压时的活动性。Z-1 航天服采用背揭式设计，即在服装的背后设计有航天服舱门接口面板，航天员可以通过接口面板与航天服舱门配合，更加轻松地进入服内，而不像现在穿上航天服需要近一个小时。含接口面板的服装总重 154 磅[①]，不含接口面板的服装总重 126 磅。该航天服背后有一个巨大的“背包”，该“背包”将为航天员提供所有在出舱活动中所需要的支持，包括氧气、通风设备以及相关的电子设备等。航天服设计压力为 57 千帕，是一款零吸氧排氮航天服。

2012 年，NASA 的约翰逊空间中心（Johnson Space Conter，JSC）先进航天服研制团队对 Z-1 航天服样机进行了一系列试验，试验涉及运动数据获取、腰部及臀部测试、关节扭力试验、CO_2 净化试验等。进行这些试验的目的有两个：一是测试航天服性能并将相关数据用于后期 Z-2 航天服的研制；二是研究航天服与探测器的接口。图 3-25 为 Z-1 航天服在地面试验舱 Chamber B 中进行对接试验。

2014 年 4 月，NASA 公布了 Z-2 的三种设计方案，并为该款航天服举行了一个投票表决，作为未来原型航天服外观设计依据。全新的二代 Z-2 航天服设计有三种不同的款式。A 款名为“仿生”（biomimicry），灵感来源于海底世界，模仿深海某些鱼类或爬行动物的表皮设计而成，能在暗处发光；B 款名为“科技”（technology），此款设计集上代航天服优点与未来设计于一体，其最大特点是航天服上身和侧身都装有发光板，有助于更准确地识别队友；最后的 C 款名为“社会潮流”（trends in society），该款设计的运动感

① 1 磅＝0.45 千克。

最强，并融入了可穿戴技术元素，看似像将来日常生活中的穿着，并配有个性化发光元件。

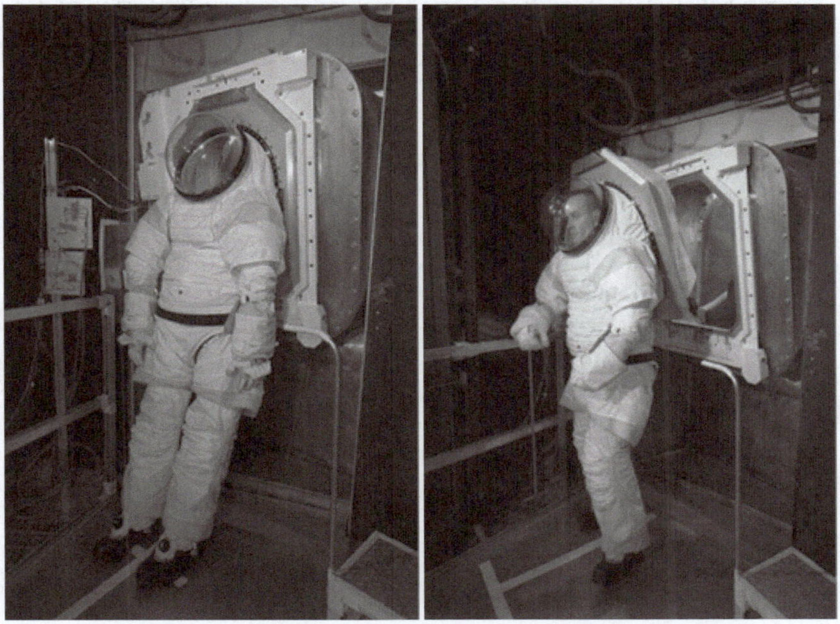

图 3-25　Z-1 航天服在地面试验舱 Chamber B 中进行对接试验

资料来源：Boyle R M，Rodriggs L，Allton C，et al. Suitport Feasibility-Human Pressurized Space Suit Donning Tests with the Marman Clamp and Pneumatic Flipper Suitport Concepts，43rd International Conference on Environmental Systems，2013：1-17

尽管从表面上看它们的设计有很大不同，但它们都包含了同样卓越的功能。NASA 将使用 3D 激光扫描与 3D 打印技术为每一个航天员订制 Z-2 的部件。每一款 Z-2 都将会有完全不同的覆盖层，因此每一款航天服前的电子发光模式都是独一无二的，能方便识别。

与 Z-1 航天服类似，Z-2 航天服目前处于样机研制阶段，其设计方案并非用于真实飞行。若要将该航天服用于真实飞行任务，Z-2 航天服不仅需要能抗击一定速度的微流星撞击，还将拥有抗辐射、调节温度的功能。同时，新型航天服还将内置更多的穿戴式电子设备，可以吸收多余的热量，保持航天服内的适宜温度。

Z-2 航天服（图 3-26）继承了 Z-1 航天服的许多关键技术。但两者最显著的不同在于，Z-1 采用了全软式上躯干设计，而 Z-2 将采用硬复合材料的上躯干。采用硬复合材料能够更好地满足长时间行星表面舱外活动需求。另外，基于前期 Z-1 的试验数据，肩部和臀部设计也与 Z-1 有明显改进。

根据 NASA 目前的规划，完整的 Z-2 航天服将在地球上进行大量的测试，这些测试将在高真空及微重力环境下进行，所获得的数据将用来制造下一款原型航天服 Z-3。2019 年，NASA 将进行 Z-3.1 的研制，并计划将 Z-3.1 用于真实飞行任务。

(a)“仿生”版　(b)“科技”版　(c)“社会潮流”版

图 3-26　Z-2 航天服

资料来源：http：//www.nasa.gov

2. 机械外骨骼技术

美国国防部高级研究项目局（Defense Advanced Research Projects Agency，DARPA）于 2000 年出资 5000 万美元用于资助对能够增强人体机能的外骨骼（exoskeleton for human performance augmentation，EHPA）的研究与开发，准备在近几年研制一种穿戴式的、具有自适应能力的外骨骼系统，使士兵在穿着外骨骼后行军能力大大提高，可以背负 400 磅（181 千克）的军用设备，连续运行至少 4 小时。在战争中，外骨骼可以使士兵作战能力大大增强，同时在士兵受伤后可以起到一定的保护作用。

DARPA 的该项目总共资助了多家研究机构，其中有 4 家负责设计和研制出整套的外骨骼系统，他们分别是加州大学伯克利分校的人体工程实验室、SARCOS 机器人公司、橡树岭国家实验室和 Millennium Jet 公司。其他一些获得资助的研究机构主要负责开发适用于外骨骼的动力供应设备。其中，加州大学伯克利分校的人体工程实验室率先在 2004 年推出了他们的 BLEEX（berkeley lower extremity exoskeleton）外骨骼系统。该系统由两条动力驱动的仿生金属腿、一个动力供应单元和一个用于负重的背包架组成。该系统使用混合动力，用液压驱动双腿行走，同时对随身携带的计算机供应电能。外骨骼上共安装有 40 多个传感器和液压驱动器，它们共同构成了一个局域网络，该网络向计算机提供必要的信息，计算机根据这些信息了解操作者当前的状态，并根据此信息对人的负载情况实时进行必要的调整。实验表明，操作者身着重达 100 磅的外骨骼，同时背上 70 磅的背包在房间里行走，他所感觉到的质量只有 5 磅。

3. 智能机器人技术

美国新的太空计划中提出了一种面向于行星表面探索的新型仿人形机器人，该机器人将人体灵活的上半身特征和独特的移动结构有机地结合在一起，称为“半人马”（Centaur）机器人。Centaur 机器人将一个类似于人体上半身的结构集成在一个装有 4 个轮子的可移动平台上，这种集成系统结构使机器人可以搭载诸如科学设备等有效载荷、地质样本或航天员在粗糙的星球地表上行进。在粗糙的地表上作业时，Centaur 机器人下半部分的连接铰可以使机器人上半身结构向地面弯曲并保持身体姿态的稳定。同时机器人携带有生命保障系统，可以作为航天员困境中的应急设备，如图 3-27 所示。

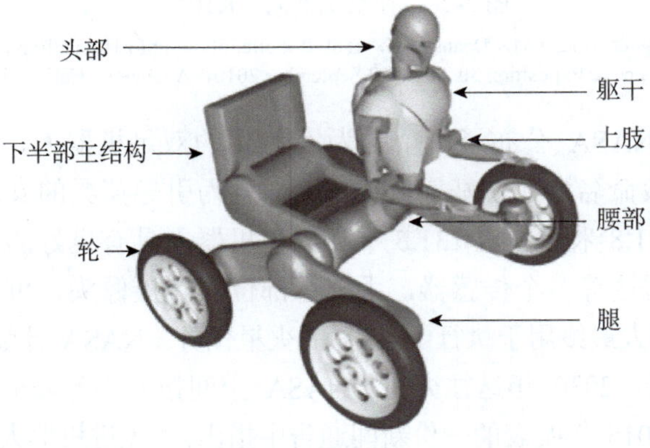

图 3-27 Centaur 机器人的组成

资料来源：Rehnmark F，Ambrose R O，Goza S M，et al. Centaur：a mobile dexterous humanoid for surface operations

“K10”机器人是 NASA 的 Ames 研究中心研制的机器人平台，用于重返月球计划，如图 3-28 所示。“K10”机器人主要用于地形勘测和设备检测任务。

“K10”机器人采用 4 轮独立驱动转向运动系统，由于采用了较先进的视觉和智能系统，它能以时速 2 千米（人行走的速度）的较高速度通过中等粗糙的行星表面。每台“K10”机器人重约 80 千克，可携带有效载荷质量约 15 千克。机器人主体的前、后、底部和 100 厘米高的支杆上设计有通用固定夹具，可灵活的加装和更换电线、传感器和科学仪器设备，以完成不同的任务。

图 3-28　行星机器人“K10”

资料来源：Fong T，Bualat M，Deans M C，et al. RoboticFollow-upforHumanExploration. AIAA SPACE 2010 Conference & Exposition 30 August-2 September 2010，Anaheim，California

2015 年，NASA 公布了一个名为“R5”的双足机器人，如图 3-29 所示。该机器人被命名为瓦尔基（Valkyrie），意为引导英灵的女战士（也称女武神），身高超 1.8 米，体重 131.5 千克。该机器人具有良好的平衡性，身体上安装有激光雷达等多个传感器，手腿等部位具有摄像头，可用于观测。美国计划将该机器人最终用于执行 NASA 的火星任务。NASA 计划在 2025 年将人类送往小行星，2030 年送往火星。NASA 空间技术任务委员会副主任史蒂文·加西克在 2015 年发表的一份新闻通告中指出：“先进机器人研究包括人类与机器人的协作研究，对于未来我们去往火星旅行的能力建设至关重要。”

英国的影子机器人公司研制了一个高级仿生人“Rex”，如图 3-30 所示。仿生人也有近乎完整的一套人工器官，包括人工心脏、血液、肺（气管）、胰、脾、肾和循环系统。仿生人的“大脑”可以模仿人类大脑的某些功能。仿生人有一个人工视网膜和一个置于眼镜上的照相机，图像可以转变成电脉冲发送到大脑里，并转化成形状和图案。此外还植入了一个人工耳蜗，具备语音识别和语音生产系统。动脉和静脉都是用聚合物制造的。血液由人工塑胶类物体制成，拥有比人体血液更长的保存期限，并且完全不会受到感染。

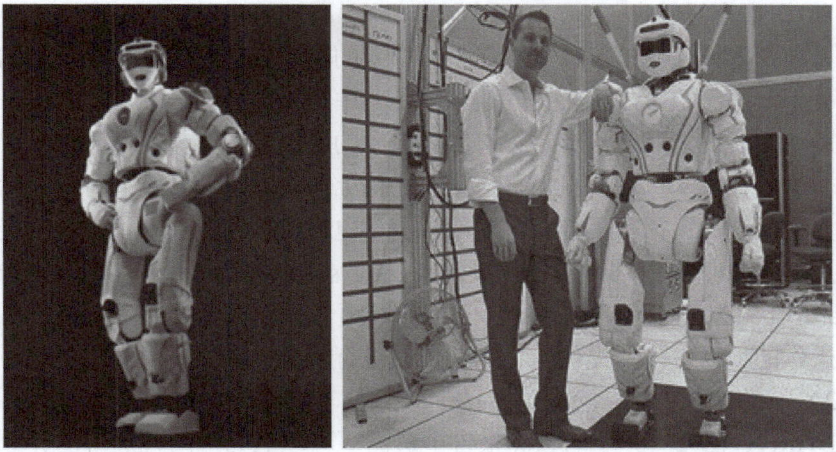

图 3-29　美国“R5”机器人

资料来源：https：//www.nasa.gov/sites/default/files/atoms/files/fs_space_robotics_150908.pdf

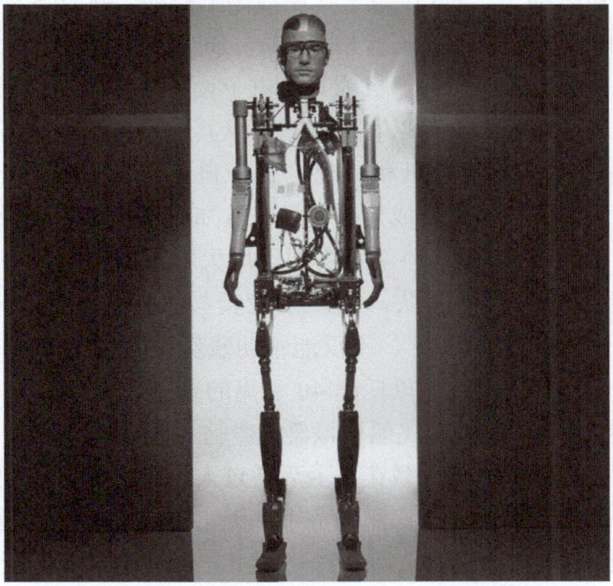

图 3-30　“Rex”仿生人

资料来源：http：//www.shadow.org.uk

4. 人机交互技术

目前 NASA 针对未来航天需要用到的交互技术进行了先期研究，其中最主要的方式是语音交互技术和脑-机接口技术。

1）语音交互技术

目前在人机交互技术领域出现了许多新的技术，将有可能用于未来的探测任务中。基于语音的人机交互技术就是其中之一。

NASA 研究了利用语音进行机器人控制的相关技术，该机器人以一个轮椅为基本形状，上端装有机械臂。坐在轮椅上的人通过语音输入可以让轮椅机器人实现移动、抓取手拎带、开门、调整电视机按钮以及其他多种功能。机器人通过单个单词进行语音控制，如 go，stop，up，down，right，left，forward，backward 等。NASA 计划将该项语音控制技术用于进行空间机器人遥操作的项目中，并提供资金支持 JPL 进行研究。

2）脑-机接口技术

DARPA 在 2013 年的预算报告中透露了一项名为“阿凡达”的计划，该计划第一期研发经费为 700 万美元，最终目的是要打造出一种可用人脑远端控制、类似“阿凡达”一样的拟人机器人，计划在未来实现能够通过意念远程操控的“机器战士”，以代替士兵在战场上作战，执行各种战斗任务，其中脑-机接口（Brain-Computer Interface，BCI）技术是最关键的核心技术。BCI 技术是指在人脑与计算机或其他电子设备之间建立的直接交流和控制通道。通过这种通道人就可以利用脑来操纵其他设备，而不需要通过肢体和语言，这是一种全新的通讯和控制方式。自美国科学家提出“脑-机接口”技术命题后，此项技术便成为脑科学与认知科学领域一个极具潜力的前沿研究方向。1988 年，美国科学家实现了用大脑控制虚拟打字机操作。瑞士科学家加朗领导的研究团队，实现了轮椅按人脑意识控制行走。2006 年，日本研制出“混合辅助腿”，不仅能帮助残疾人以 4 千米/时的速度行走和毫不费力地爬楼梯，而且可以托起 40 千克的重物。2013 年 3 月，英国研究人员开发出第一种用于控制飞船模拟器的“脑-机接口”装置，美国科研人员又创建了计算机模拟程序，戴在头上后通过人脑意念便可控制飞船模拟飞行。可以预见在未来载人深空探测任务中，无论是操控机器人进行地外天体作业，还是用来控制载人飞船飞行，脑-机接口技术都有着更广泛的应用。

（三）问题解决策略

为解决航天员出舱活动支持及能力增强问题，应主要开展以下方向的研究工作。

1. 先进航天服技术

航天服技术是载人深空探测必不可少的支撑技术，先进的航天服技术需引入新材料、新工艺技术，从原理、设计、工艺、制造等多方面进行系统全面的创新型研究，并与航天医学、航天工效学紧密结合。主要研究方向包括以下内容。

（1）航天服医学、工效学设计与评价技术。

（2）高性能航天服材料技术。

（3）航天服压力体制设计技术。

（4）中长期低压下呼吸纯氧和高浓度氧的生理效应。

2. 机械外骨骼技术

机械外骨骼的设计以及目标功能最终能否顺利实现取决于很多因素的共同影响和作用，包括设计拟人化的人体下肢外骨骼机构、选用高效的控制方式和控制策略等，解决了这些问题才能使外骨骼系统不仅能够跟随操作者完成必要的下肢运动，而且可以对人体步行适时提供助力，从而大幅度提高人的运动及负载能力。主要研究方向包括以下内容。

（1）拟人化外骨骼机构设计技术。

（2）外骨骼和操作者的协调运动技术。

（3）先进外骨骼材料技术。

3. 智能机器人与自主控制技术

载人深空探测任务包括无人任务和有人任务。执行无人任务时，机器人将自主或在遥操作的情况下独立完成作业任务；执行有人任务时，机器人将辅助航天员完成简单、重复或者需要高精度操作、具有危险性、特殊性的任务，因此各式各样的机器人，如探测机器人、大型工程作业机器人、精巧作业机器人、医疗机器人等将越来越多地出现在载人深空探测任务中，且比重会不断地增大。同时更高阶段的机器人应该具有类似人的思维能力，辅助航天员进行分析与决策，从而大幅度降低航天员的作业负荷。因此，为充分发挥机器人的效能，提升机器人的作业能力，提高机器人的智能化程度，开展智能机器人与自主控制技术的研究显得尤为重要。主要研究方向包括以下内容。

（1）高集成度灵活末端操作技术。

（2）图灵智能感知机器人技术。

（3）“类脑”智能机器人技术。

（4）深空探测医疗康复机器人技术。

（5）机器人智能感知及自主控制技术。

4. 先进人机交互技术

先进的人机交互技术有利于更好地实现人机协同作业，面向未来技术的发展和载人深空探测任务对人机交互技术的更高需求，先进人机交互技术应结合人的特点，充分调动人的各种能力，提出全新的人机交互模式。主要研究方向包括以下内容。

（1）全方位信息显示技术。

（2）先进语音交互技术。

（3）脑-机接口技术。

（4）虚拟现实及仿真技术。

（5）人-机-环境工效学及工程心理学

三、航天员参与的维修作业问题

（一）问题内涵

故障是指系统中至少有一个特性或参数出现了较大偏差，超出了可接受的范围，此时系统的性能明显低于正常水平，已难以完成预期功能。由于地外天体环境复杂、恶劣以及在系统设计上存在薄弱环节和不严密性，因此在历次探测过程中必然存在大大小小的故障问题。据统计，国内外 100 个航天器在 20 年内发生故障的次数超过 300 次，覆盖机械、电子、载荷、软件、控制等各个方面，有些故障对任务的影响较小，而有些故障却可能导致整个任务的失败。而且当深空探测任务发生故障问题时，航天员无法像近地任务一样快速安全返回，维修是排除故障的重要途径，是维持系统健康、延长系统寿命的有效手段之一。

对于无人深空探测任务而言，故障排除与维修的能力很弱，一旦出现设备损坏或失灵等问题，基本无法实现更换或者维修，或者仅可以实现简单的维修作业。载人深空探测任务中航天员是系统的核心，人的决策力和能动性配合适当的工具或助手，可以有效地完成系统的维修作业，如设备的拆装、更换、加注、异物清理等。

航天员参与的维修作业也面临必须要研究和解决的问题，主要包括以下内容。

1. 可维修性问题

进行航天员参与的维修作业，首先要保证被维修对象具备可维修性，按照通常现有航天器及相关设备，为保证高可靠性，结构多采用螺接、焊接，热控包覆多采用胶黏、线缝等模式，结构大多为“封闭式”结构，工艺不可逆，设备不可拆，电缆管路布局繁复，基本不具备可维修性。要想很好地实现飞行器的维修维护，应在设计上考虑维修性，至少确保 80%的设备具备维修更换能力。

2. 可操作性问题

飞行器设计一般结构紧凑，以满足运载包络和重量要求，这就给航天员维修带来了不便，需要维修的设备是否具有可视性、可达性，是否为维修操作提供了足够的空间，这些都需要进行充分的考虑，同时设计满足航天员操作的工具，辅助航天员进行维修作业。

3. 安全性问题

航天员参与的维修作业活动，必须要考虑安全性的问题。安全性问题体现在两个方面：一是航天员的安全性，飞行器或各种机器人系统均带电，且随着行星表面探测的不断深入，将会用到如起重车、挖掘车等各种工程机械，维修过程中必须保证航天员不受到电击、划伤、碰撞等伤害；二是维修对象的安全性，地外天体表面环境恶劣，如月球，月尘具有带电性，维修过程中需要保证各种电子设备不会受到静电损害，并且要进行防尘保护，避免尘土进入关键设备，堵塞、划伤、破坏设备，降低性能。

（二）国外研究现状

目前基于近地空间站，已成功实现了多次的航天员维修任务。航天员对发生的故障进行了必要的部件更换和修复工作。“和平号”空间站原设计寿命为 5 年，但是实际在轨运行了 15 年，据统计，“和平号”空间站上，航天员 75%的工作时间用于在轨维修。

国际空间站是有史以来规模最大的、也是目前唯一一个正在运行的空间站，经历了十几年的建造过程，到现在已经在轨运行了十几年。国际空间站设计寿命为 15 年，由于采取了永久性的维修设计，将寿命延长至 2020 年。

美国利用航天飞机进行了多次航天员参与的系统维修任务，其中最典型的就是对哈勃望远镜的维修工作，迄今为止哈勃望远镜共进行了 5 次维修。维修对象包括太阳电池翼、陀螺仪、发射机、中心计算机等多个组件。此外，对在轨运行卫星的修复也有十分成功的案例，如 SMM 卫星修复，

SYNCOM IV-3 通信卫星修复，Intelset 6/F3 通信卫星修复等，在轨维修过程中，航天员的能动性和智能决策性起到了很大的作用。

到目前为止，大多数航天员参与的维修作业任务均处在近地空间，载人深空探测任务仅有美国 Apollo 任务成功实施，但据相关资料显示，并没有系统地报道过 Apollo 任务中航天员参与的维修作业任务。

（三）问题解决策略

1. 系统可维修性设计技术

航天员参与的维修对象可包括基地、飞行器以及各种行星车辆和机器人，这些系统的可维修性是支持航天员参与维修作业的前提。主要研究方向包括以下内容。

（1）可接受维修飞行器总体设计技术。

（2）标准化机电热气液接口技术。

（3）故障检测与定位技术。

（4）故障评价与决策技术。

2. 航天员参与的维修操作技术

航天员参与的维修操作技术首先要解决维修工具的设计问题，维修工具应实现集成化和多功能化，在满足不同操作的功能要求的同时满足航天员便捷携带的要求。此外还要考虑航天员身着航天服状态下的易操作性，结合人机工效学实施评价。同时要解决维修的安全性问题，开展维修策略与维修流程设计，危险识别与安全防护等维修安全性技术内容的研究。主要研究方向包括以下内容。

（1）多用途维修工具技术。

（2）航天员维修工效学。

（3）维修危险识别与安全防护技术。

四、原位资源利用问题

（一）问题内涵

原位资源利用（in-situ resource utilization，ISRU）是勘测、获取和利用地外天体的天然或废弃资源，用于维持人类可长期在地外生存的产品和服务的技术。ISRU 的好处是通过减少人类长期进行地外驻留任务期间的消耗品、推进剂、结构材料和其他物品的运输需求，从而显著降低长期载人深空探测任务的系统规模、成本和风险。

人在地外天体长期驻留主要的消耗品是氧气和水，初步分析每人每天消耗的氧气、水和食物等约 19.2 千克；建造基地还需建筑材料和能源等其他资源；往返地球的飞行器需要补给推进剂。这些资源虽然可以从地球上制造及补给，但成本代价十分昂贵。以月球为例，每 1 千克的运输成本约为 50 000～90 000 美元，火星任务则更高。如果在月球上生产 1000 千克的氧，用于推进剂和生保支持，则可节省 8000 千克的发射质量，如果在火星上生产 25 000 千克的氧，则可节省 200 000 千克的近地轨道质量，质量比为 1∶8。因此为了实现载人深空探测任务的持续发展，必须充分利用地外天体自身的资源进行生产利用，尽量形成自给自足的资源利用能力，这是实现月球、火星等长期探测任务的关键要素。

ISRU 技术包括对目的地勘测、勘探和测绘，资源获取，加工和生产以及制造产品与基地设施安置等四个部分。其中对目的地勘测、勘探和测绘指确定可利用资源的过程，可以通过无人深空探测任务来完成；资源获取是指原始资源的采集和预处理过程；加工和生产指原始资源转化为推进剂、能源、生保等消耗品的过程；制造产品与基地设施安置指支持原位资源利用的工厂和设备支持。针对保障人员生存和工作的问题，需要重点关注的是行星表面物质资源利用，消耗品的提取、收集与利用，土壤建筑材料的利用等。

（二）国外研究现状

原位资源利用是采集、处理、储存与利用在载人深空探测期间所遇到的本地资源或原材料，从而降低成本与风险。

目前国外对月球、火星的地质研究取得了一定进展，原位资源利用主要集中在对月球和火星资源的开发技术上，包括原位资源探测开发与利用、基地设施原位构建与维护等关键技术。

2006 年 NASA 首次制定了一项“ISRU 技术开发计划”，使这种方式用于月球和火星的长期探测。该计划包括从 2020 年初期开始的以发展对月球风化层（包括埋藏的挥发性物质）进行挖掘与采集的能力和生产氧来供应推进与生命保障耗材为目标的系列任务。

月球资源提取与地球资源提取差别较大。月壤和月表高地岩石大部分是含复矿碎屑的角砾岩，只有极少部分月壤是由单一火山岩矿石组成的，任何月球资源开发的原料基本都是岩石、矿物和类玻璃物质的混合物。因此，提取某种元素的月球矿石与地球矿石不同，例如，地球上一般从铝土矿中提取铝，而月球上则从斜长岩中提取铝。同时，月球矿石的成分也与地球矿石存在很大差别，导致两种矿石的处理方式也不同。月岩中矿物通常紧密地结合在一起，很难分离。其处理方式为先采用机械和物理手段将矿物原料进行分类、粉碎和精选，再采用化学手段（如溶解、熔化或蒸发）进一步提炼。

此外，可采用现场处理法取代资源利用系统的采矿、精选和提炼部分。在月球上可行的应用是热现场处理法，该概念建立在地下隧道或空穴操作之上，具体方法为在墙上打洞放入探针来进行电解或高温分解。其核心问题是明确在月球环境下的操作过程，目前仍处于概念研究阶段。

NASA 及其他研究者对于地外星球的基地设备布置和能量、物质开发利用给出了一个大致的方案。美国正在开展利用月球的特殊环境进行储能甚至发电、水资源的提取、氢气、氧气的产生等研究。月球具有比地球更为丰富的太阳能，而且利用太阳能的条件远超出地球。月球表面没有大气，太阳辐射可长驱直入。月面物质的反射率基本上是由矿物成分组成特征和太阳光的入射角所决定。在月球上利用太阳能和月壤发电可解决月球基地本身的能源需求。已有多位研究者对月壤的储能特性进行了研究。

在水和氧气生产方面，很多研究者通过采用不同工艺方法，以模拟月壤、岩石矿物及月球样品为原料，进行月球氧气就地制取的模拟实验研究。为达到更高的氧气制取效率，需要选择不同的还原剂、不同的工艺方法和不同的加热方式进行模拟实验。根据工艺方法的不同，可将当前认为可能实现的几种月球制氧方法划分为：还原法、高温电解法和等离子高温分解法等。还原法主要利用还原剂的强还原性，将金属氧化物中的金属和氧还原分离。目前采用的还原剂主要有 H_2、C、F_2、Cl_2 等，分别称为氢还原法、碳还原法、氟还原法、碳热氯化还原法和其他还原法等。还原法存在以下问题：①实验过程十分复杂，不能直接得到所需的产物，要经过电解、分离等步骤后才能得到氧气，且分离过程复杂，实验设备复杂。②反应的效率较低。一方面反应物的利用率较低，月壤或模拟月壤中只有很少的组分能参与反应；另一方面，由于反应过程复杂，导致氧气的产率较低，且还原剂不易回收循环利用。③这些反应中都存在实验设备被腐蚀的问题。

高温电解法是一种备受重视的制氧方法。月壤在电解室中熔融，再电解熔体，氧气从熔体中以气泡形式释放。其原理是月壤熔融后，熔体中有可自由移动的阴、阳离子，通电时阳离子会被还原成金属，阴离子则被氧化。其反应步骤简单，无需附加试剂，也不必考虑材料的回收和循环。电解过程的最大问题是能耗过大，必须保障电能的充分供给。相关研究机构采用该方法电解月壤取氧，在不加助熔剂时，熔融温度需达 1800～2000 开，这对电解室的材料材质和密封度提出了严格要求；且整个电解系统的平均温度要保持在 1573 开，如果熔融产物没有维持在足够高的温度，会降低熔体的传导性，影响氧气的产率，甚至导致导管中的液体凝固，堵塞导管系统。

等离子高温分离法是在 7000～10 000 开温度下，反应原料瞬间被离子化，利用金属在静电场或磁场中比氧气更容易提取的性质，使反应物中的金属与氧分离。计算表明，8000 开时，28%的月壤会转换为氧气，10 000 开时，38%的月壤转换为氧气。与前面所述方法相比，氧气产率明显提高。该方法存在的问题很多，首先是能耗大，生产 1 吨氧气需耗能 34 500 千瓦·时，因而无法大规模生产；其次是反应温度过高，对设备的材料要求十分苛刻。已有研究者对月壤主要矿物的热力学和电磁学性质进行分析，选择适合于月球基地实际应用的矿物原料，提出月球基地水和氧气生产的技术方案，并进行含氧矿物生产水的地面模拟实验。如图 3-31 所示为利用月表物质和能量的设备。

图 3-31　利用月表物质和能量的设备

资料来源：Larson W E，Sanders G B，Sacksteder K R. NASA's In-Situ Resource Utilization Project: Current Accomplishments and Exciting Future Plans

此外，在 2014 年 8 月，NASA 宣布了“火星 2020”表面巡视探测器上的 7 个精心挑选的仪器，其中一个仪器为“火星氧气原位资源利用实验”，目标是将火星大气中的二氧化碳转化为氧气。该系统一旦在火星演示成功，或将为未来载人任务提供生命保障，甚至能够为离开火星的上升器提供氧燃料，协助航天员返回地球。这种在火星制造氧气的能力，可以减少任务所需货物的发射需求，大幅度降低载人任务的成本。

利用行星原位资源进行制造是另一项重要的原位资源利用技术。NASA研制出巨大蜘蛛机器人 SinterHab，可以将月球上的泥土结合成巨大的泡沫结构，然后将其组装成一个足够大的空间，以便于航天员可以在里面生活居住，并且进行实验、娱乐或培养农作物等。图 3-32 为 NASA 用蜘蛛机器人 3D 打印机打印出的月球基地。

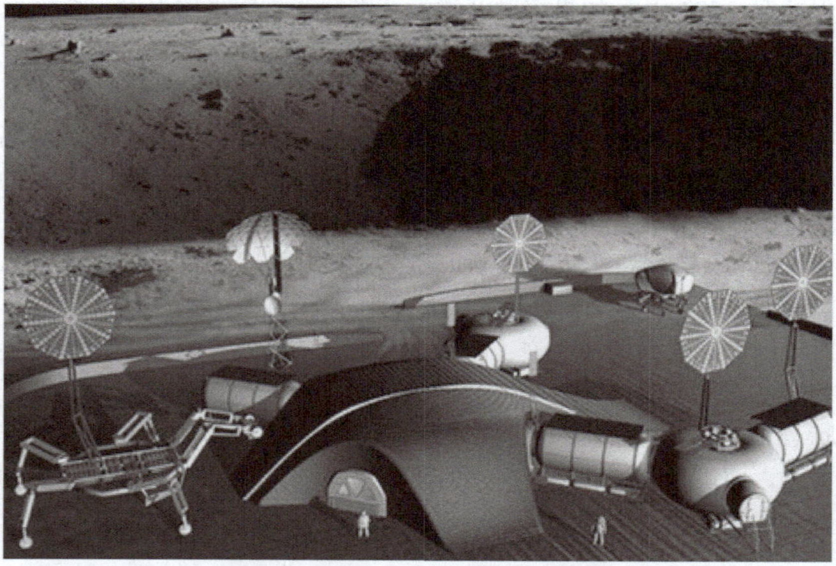

图 3-32　NASA 用蜘蛛 3D 打印机打印出月球基地

资料来源：Howe S，Wilcox B，McQuin C，et al. Faxing Structures to the Moon：Freeform Additive Construction System（FACS）. AIAA SPACE 2013 Conference and Exposition September 10-12，2013，San Diego，CA

美国佛罗里达理工学院开发出第二个版本的 SinterHab（Sinter Hab 2.0），计划进一步研究室内设计、部署和施工过程以及生命支持系统。

美国华盛顿州立大学研究人员研制出的超级 3D 打印机，可将月球土壤模拟物质打印成所需的形状，该技术可在未来用于建设月球基地或者火星基地，利用登陆点周围的岩石和土壤制造所需的工具。

ESA 联合伦敦 Foster+ Partners 建筑设计公司以及英国 Monolite 公司，验证通过了 3D 打印方法，用月球表层的风化土壤来建造月球基地的可行性。用氧化镁及其他盐类与月球尘土混合，作为月球基地打印的原料，采用 Monolite 公司提供的基于机器人的 D 型 3D 打印机进行基地建造，整体的打印过程已可以在真空中进行。

在月球上就地取材是今后建立大型永久性月球基地建筑结构的发展方向，最近，美国月球天文学家提出了月球上的特殊土石凝结体可以用来作为月球的建筑结构材料，这种材料的用途与地球上的玄武岩用途类似，称为月球玄武岩。这种材料可以通过先融化月球上的特殊土质，然后让它慢慢冷却结晶的方式在月球上进行制造。它的整个制造过程十分简便，真空中的烧融和铸造也会显著提高最终产品的质量。它的发现是人类在月球实施建筑问题上的一个新突破。

（三）问题解决策略

面向载人深空探测任务的实际需求，原位资源利用的主要研究方向包括以下内容。

1. 行星表面能量的利用技术

能源是维持基地系统长期正常运行的重要条件，月球和火星等地外天体富含大量化学元素和物质资源，利用先进的设备，采用化学手段实现在地外天体环境下的能源资源的收集、分离、提炼、存储和利用是解决长期驻留能源问题的有效途径，从能源的利用方面来看，主要研究方向包括以下内容。

（1）行星土壤储能发电技术。

（2）行星表面太阳能的利用技术。

（3）氦-3 资源的制备原理与设备研制技术。

2. 行星表面推进剂获取与制备技术

推进剂是航天任务的动力来源，利用行星表面资源解决推进剂问题是一种十分经济有效的途径。月球表面富含氢资源，火星表面富含甲烷资源，这些资源通过物理化学手段进行提取和利用，可为载人深空探测飞行器提供充足的推进剂支持。根据月球、火星等星体表面的资源存储情况，主要研究方向包括以下内容。

（1）氢资源的获取与制备技术。

（2）甲烷资源的获取与制备技术。

3. 消耗品的提取与利用技术

生保消耗品主要包括氧气和水，火星、月球的星体富含氧、氢等元素，大多数以氧化物和有机物（甲烷 CH_4）形式存在（可能还有水的存在），因此如何对这些资源进行有效的收集、分离、提炼和存储是需要重点关注的问题，主要研究方向包括以下内容。

（1）氧资源的提取与利用技术。

（2）水资源的提取与利用技术。

4. 行星原位制造技术

月球、火星等地外天体富含大量土壤，这些土壤可以用作基地建筑、结构制造的原材料，从而进行大型基础设施的建设。土壤天然的辐射防护、温度保持能力成为了基地建设、结构制造的有效途径之一。行星原位制造技术的重点是研究在空间环境或地外天体表面环境下的增材制造技术，重点研究 3D 打印成型机理，制造材料制备，回收与循环利用等内容，并研究利用激光、电子束、X-射线、声学、电磁和化学等手段进行修理和无损评估方法，主要研究方向包括以下内容。

（1）行星表面增材制造（3D 打印）技术。

（2）修理与无损评估技术。

五、月球/行星科学的深度认知问题

（一）问题内涵

我国行星科学研究起步较晚，从实施嫦娥月球探测工程后才开始真正起步。后续通过对月球进一步探测，对小行星、火星的探测，能够初步掌握这些天体的基本科学数据。但如若开展深度认识，则必须实施载人实地探测。由于航天员“人”的要素的参与，对行星科学的认识深度将显著增加。

1. 人的参与提升了行星科学探索的灵活性

在探测过程中，人的主观性和智能性是任何机器无法比拟的。与机器人相比，在实地科学考察过程中，经过培训的航天员可以根据智慧和知识分层次、分类别地选择样品采集的地点和采集对象，可以凭借洞察力和敏锐性观测到瞬间即逝的或者随机出现的自然现象并快速记录，这些均是无人深空探测所无法做到的。

2. 人的参与提高了行星科学认知的深入性

月球/行星科学的认知过程必须借助各种科学仪器，对于无人深空探测而言，大多采用科学实验载荷包的形式，或者做简单的载荷安装作业，以确保任务顺利实施，避免复杂操作过程带来的风险。因此无论在设备种类还是数量上都受到制约。而对于载人深空探测任务，人的智能和灵活机动与决策能力使得科学设备的安装使用呈现多样化、全面化。航天员可以准确便捷地将各种科学载荷安放在不同的实验地点。相反，有些科学设施的安装还必须要由航天员来执行，无人深空探测任务无法实现，因此人的参与提高了行星科学认知的深入性。

通过实施载人深空探测任务，重点对月球/火星地质学、月球/火星物理学、月球/火星化学等核心问题展开研究，从而解决我国行星科学的深度认知问题。

（二）国外研究现状

21 世纪以来，基于推动科学进步和技术发展、争取国家权益、保障国家安全的战略需要，世界各主要航天国家和组织纷纷制定并公布了各自的太阳系探测规划，积极规划各自在行星科学方面的发展蓝图。相关学者认为，21 世纪是人类全面探测太阳系的新时代，通过对月球和火星的重点探测，以及对太阳系各类天体的深入探测，有望形成太阳系起源和演化的整体性认识，致力于促进人类社会可持续发展的长远目标。

但迄今为止，真正实施载人深空探测任务只有美国的 Apollo 计划，在 Apollo 计划中，美国依次完成了 Apollo11、12、14、15、16、17 共 6 次载人登月任务，共采集了 381.72 千克的月球样品。

在 Apollo 计划制定之初规划中最重要的科学任务是：月球自然现象的深入研究，收集月球土壤和岩石样品，在月面上安放特殊的科学仪器。1963 年年底美国宇航局专门成立了科学计划小组，确定了五大类科学研究项目：（1）研究月球表层，月球本身及其物理和化学结构，寻找有关月球起源的线索；（2）探测月球引力场和磁场以及月球受到的各种作用力，包括用于探测月球引力波的实验；（3）考察太阳粒子和宇宙射线对月球表面的影响，包括对月球引力场和磁层的影响；（4）在月球表面建立天文观测站；（5）研究天然的橘红色物质，包括考察原生物是否存在。

在 Apollo 月球着陆任务期间，除了采集月壤和岩石的样品，还进行了相关的科学实验，Apollo 计划在 6 次登月任务期间部署了大量月球表面的实验任务。为了尽量降低实验设备的质量、体积和功率，多个实验被集成到一个系统中，成为 Apollo 月面实验包，如图 3-33 所示。实验包的组成随任务不同有所变化。

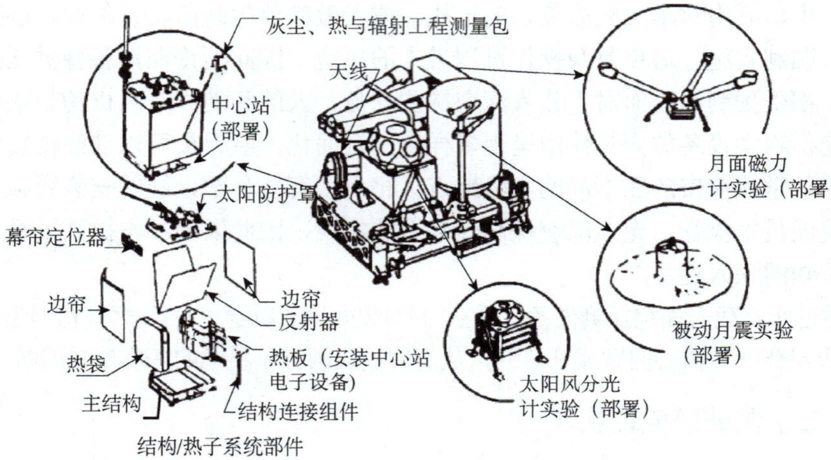

(a)子实验包1

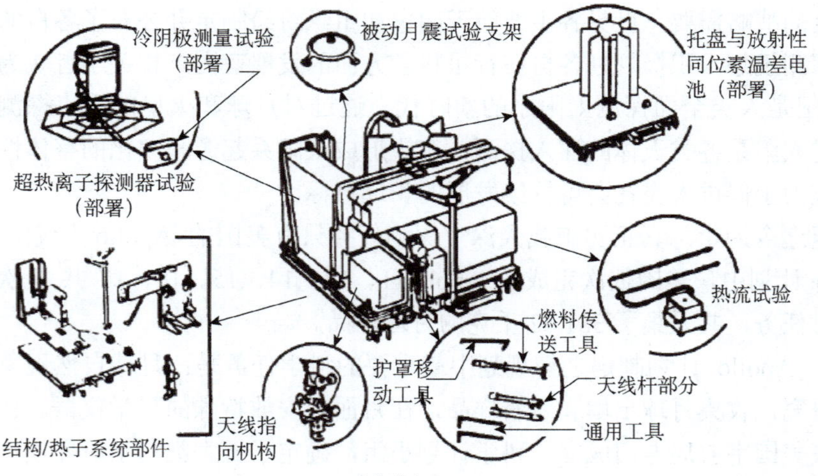

(b)子实验包2

图 3-33　Apollo15 月面实验包

资料来源：APOLLO PROGRAMSUMMARY REPORT

Apollo 任务的研究成果为月球/行星科学的研究提供了大量宝贵的数据和经验，尤其对于月球而言，为月球地质学、月球物理学、月球化学等基础科学的研究做出了巨大的贡献。

（三）问题解决策略

行星科学的研究范畴十分广泛，面向载人深空探测任务的实际需求，以及“登、驻、用”的发展规划，对于月球/行星科学的深度认知问题，主要研究方向包括以下内容。

1. 航天员参与的月球/火星地质学研究方法与设备研制

月球/火星地质学主要研究月球/火星的火山活动、陨石撞击以及太阳风、太阳耀斑和银河宇宙射线影响。应从月球/火星地质学的基础理论开始，进行深入研究，并结合航天员参与的任务特点，研制满足任务需求、适于航天员操作的月球/火星地质学研究载荷设备。主要研究方向包括以下内容。

（1）航天员参与的月球/火星地质学研究方法。

（2）月球/火星地质学载荷设计与研制。

2. 航天员参与的月球/火星物理学研究方法与设备研制

月球/火星物理学主要包括月球/火星内部研究、月球/火星磁场研究、月球/火星地震研究以及月球/火星土壤特性研究、微量元素等。以月球/火星物理学的基础理论为着手点，展开深入研究。结合航天员参与的任务特点，研制满足任务需求、适于航天员操作的月球/火星物理学研究载荷设备。主要研究方向包括以下内容。

（1）航天员参与的月球/火星物理学研究方法。

（2）月球/火星物理学载荷设计与研制。

3. 航天员参与的月球/火星化学研究方法与设备研制

月球/火星岩石和土壤的任何新化学数据都将有助于回答月球/火星的起源和构造问题。月球/火星化学的研究内容主要包括月球/火星土壤化学特性以及月球/火星内部化学特性等。应从科学的角度深入开展月球/火星化学的基础理论研究，结合航天员参与的任务特点，研制满足任务需求、适于航天员操作的月球/火星化学研究载荷设备。主要研究方向包括以下内容。

（1）航天员参与的月球/火星化学研究方法。

（2）月球/火星化学载荷设计与研制。

第四节　保障人员长期任务中的健康和安全问题

与无人深空探测相比，人的加入必然要引入与人有关的科学技术问题，保障航天员健康和安全是其中的首要问题。这方面的问题涉及面广、技术复杂，其中最主要的为空间生命科学和航天医学，所要解决的问题主要包括空间基础生物学问题、变重力生理效应与防护问题、地外环境效应与防护问题、航天员健康监测与维护问题、航天员心理健康与伦理问题等。

一、空间基础生物学问题

（一）问题内涵

空间基础生物学是探索动物（人）、植物和微生物等地球生物体在空间特殊环境下的生命现象及其活动规律的基础研究学科，涵盖重力生物学、辐射生物学、空间微生物学等基础生物学领域，是空间生物技术和先进生命保障系统的基础，并与航天医学密切相关，是服务于载人航天活动中人类健康的生物学理论基础，同样也是利用载人航天活动中人的参与而进行的科学研究活动。

在载人深空探测任务中，航天员将面临更长时间的空间飞行和驻留任务，航天员在空间飞行环境下的生存、健康和工效等问题关系到航天探索任务的成败。在航天医学研究中，空间复杂环境下的心血管功能失调、骨质流失、肌肉萎缩、免疫功能减弱、神经系统功能障碍、空间运动病、时间节律改变、心理学变化等问题，都必须以空间基础生物学为理论支撑，这些生物学效应背后都还存在许多未解之谜。因此，空间基础生物学是支撑航天员长期在轨的生命保障、健康维护和工作效率的基础和应用基础科学研究。

此外，空间基础生物学是载人航天活动支撑下重大科学问题的基础研究与探索。该领域的相关研究包括：地球生物对于空间环境的感知、响应和适应的现象，空间环境对地球生命体生理稳态的影响规律等。该领域的研究虽然在国际上也经历了数十年的发展，取得了许多标志性的成果，但是仍有许多重大问题没有得到解决和阐明，例如，地球生物适应重力环境规律，空间辐射损伤与修复机理等，这都给空间基础生物学提出了富有挑战性的课题。

综上所述，空间基础生物学问题具有广泛的科学范畴，涵盖空间重力生物学、空间辐射生物学、空间微生物学、空间生命生态支持系统的基础生物学等重要方面，是支撑载人深空探测任务的必须解决的关键问题。

（二）国外研究现状

空间基础生物学的研究目标是要阐明生物，包括植物、动物、微生物对空间环境响应的机制和适应的对策。

围绕空间重力生物学，主要研究的是植物、动物在微重力作用下的生物学变化。在植物方面的研究有：以模拟实验植物拟南芥为研究对象，研究其重力感知，信号转导和向重性；根向重性的新感应机制的分析；重力感应阈加速度；重力相关基因；转基因拟南芥基因表达系统；细胞壁 / 反义遗传学途径；探索微重力条件下拟南芥支撑组织中细胞壁动力学的基因作用和植物抗重力中微管-膜-细胞壁连续体的作用及形成层的影响；在不同的重力水平中拟南芥根的波动和卷曲；微重力对拟南芥多代影响的分子和植物生理的分析；空间微重力环境导致水稻 DNA 甲基化水平改变的表观遗传学分析等。在动物方面的研究有：在空间站长期停留后人体神经内分泌和免疫反应的改变；利用细胞培养模块研究微重力条件下人体单核细胞的免疫反应；微重力对动物造血系统的影响；微重力环境中鹌鹑耳石系统的结构和功能改变以及胚胎期鹌鹑的骨骼发育；微重力条件下线虫生理学研究。

围绕空间辐射生物学，主要研究的是临床指标、细胞遗传学指标、基因突变指标等多种辐射生物学效应监测指标。这些指标各有利弊，互相补充，其中细胞遗传学指标发展最为成熟，并已得到广泛应用。NASA 专门组织召开了一次以空间辐射损伤与生物剂量学为专题的讨论会，将染色体畸变分析方法应用于空间辐射的生物剂量估计是会议讨论的焦点之一。随着对空间辐射危害认识的深入，对空间辐射的认识发生了一些较大的变化，空间站外部存在很强的混合粒子辐射，尽管空间站内的辐射水平有所降低，但进入空间站的辐射粒子即使在很低的剂量下仍然有很大的辐射损伤危害。目前在地面实验中，对低线性能量传递（linear energy transfer，LET）射线的剂量学量的测量已达到较高水平，而高 LET 辐射剂量学测量技术及估算技术水平并不高，有些辐射剂量学特征量，在空间辐射环境下不确定性很大，可靠性很低。空间站上的辐射生物学研究多数围绕对航天员的危害方面展开，特别是针对未来深空的飞行环境，主要开展航天辐射引起的致癌效应，辐射对中枢神经系统的损伤，辐射与其他航天因素（如微重力、有害气体）的复合作用影响，辐射早期或急期的损伤，辐射对生殖、不育和遗传的危害等辐射生物学效应的系统研究。

围绕空间微生物学的主要研究包括：空间链球菌的基因表达；空间飞行对微生物基因表达和毒力的影响；空间环境对航天飞机携带的细菌孢子的影响；表面、水分和空气生物学特征（在飞船环境中微生物和过敏原的特点）；微重力条件下微生物生长动力学；空间真菌致病性；空间飞行期间散布的潜在病毒的影响；空间飞行诱导潜在病毒的再活化；微生物的抗药毒力；建立实验微生物系统的无源观察等。

围绕空间生命生态支持系统的基础生物学，NASA 通过建造一些地基实验系统，进行密闭系统中高等植物或藻类光合生产潜力的研究，植物、动物生产能力与消耗平衡研究，各生物类群的相互影响、协调、制约以及对物质循环的贡献，元素的地球生物化学循环及大气环境与生保生态系统的相互作用等研究。2010 年 NASA 新战略规划中把植物和微生物列为第一方向，把“长期生命支持系统中微生物和植物的作用”列为优先研究的领域，充分说明面向空间生命生态支持系统构建的空间基础生物学研究在美国空间生命科学领域中的地位。

（三）问题解决策略

解决空间基础生物学问题重点应从以下 4 个方面入手。

1. 空间重力生物学研究

进行载人深空探测任务，必然会经历多种重力环境，重力环境的变化会对人体机能造成影响，必须从科学的角度加以研究并采取保护措施。从基础科学理论出发，以灵长类动物、小型哺乳动物、啮齿类动物、爬行动物、两栖动物、水生动物、昆虫、高低等植物、细菌微生物及细胞等为研究对象，基于种群、个体、组织、细胞等各层次，分别研究空间微重力环境下的生物学效应及其机制，是其主要的问题解决途径。主要研究方向包括以下内容。

（1）空间重力环境对动、植物细胞的影响分析。

（2）空间重力环境对植物生长的影响分析。

（3）空间重力环境对生物遗传的影响分析。

（4）空间重力环境对生物代谢的影响分析。

（5）生物系统重力适应与调控模式。

2. 空间辐射生物学研究

空间辐射生物学是未来载人深空探测任务的空间辐射医学和辐射防护领域的理论基础。由于空间辐射环境的复合性和复杂性以及与其相互作用生物体的自组织性，研究和挖掘空间辐射生物学效应机制需要用新概念、新理论和新技术。通过开展空间辐射生物学研究，揭示复合空间环境与不同遗传背景生物体相互作用的分子机理，建立辐射评估和预警系统，开发辐射医学防护方案和技术。主要研究方向包括以下内容。

（1）空间辐射损伤机制和损伤分子标志物。

（2）空间辐射生物学评估模型。

（3）空间辐射生物物理模型。

（4）空间辐射损伤防护效应。

3. 空间微生物学研究

微生物是自然生态系统中的重要成员，它对环境有极强的适应能力，微生物在生物链中，既是生产者又是分解者，对载人深空探测任务中密闭生态系统的能量流动、物质循环、信息传递都起着至关重要的作用。主要研究方向包括以下内容。

（1）微生物空间生物学效应。

（2）微生物生理及生态危害性。

（3）微生物利用与防护技术。

4. 空间生命生态支持系统的基础生物学研究

构建人工闭合生态系统依赖于基础生物学、生态学和生物技术研究。为支撑空间生命生态支持系统的运行，需探索系统中生物种群的生态平衡体系、生物循环机理和机制等，为建造实用技术系统提供理论依据。主要研究方向包括以下内容。

（1）构建生命支持系统的理论基础和模拟模式。

（2）生物种类筛选与组合。

（3）系统的调控和优化。

二、变重力生理效应与防护问题

（一）问题内涵

变重力生理效应是人员在深空探测任务中面临的重要生理问题之一。在不同的重力环境下，人体的心血管、骨骼、肌肉、免疫系统等会产生不同的生理变化，这些变化可能会影响航天员的健康、工作能力，影响太空探索任务的完成。

长期处于微/低重力环境中对人体影响最大的是运动系统及骨骼系统的变化。长时间的作用将引起肌肉系统的废用性变化，即使采取一定的防护措施，肌肉萎缩症状仍会发生。骨骼系统方面，在飞行的全过程中，钙的负平衡持续地、进行性地发展着，骨矿盐含量下降、骨质疏松。航天员飞行后在一些承重骨中会出现骨密度下降和骨矿盐含量的再分布。失重还会引起骨小梁减少及钙、磷排出增加。研究表明，乘员长期失重，即使有积极的健身计划和药物对策，腰椎的骨密度仍以每月 0.9%的速度流失，而股骨的钙质流失率可以达到 1.4%。在返回后，骨骼系统需要很长时间恢复，也可能产生不可逆的损伤，影响到航天员的健康。此外，长期飞行任务中重力的变化也会对航天员的生理健康造成严重威胁。特别是载人登月、登火星任务中，航天员除了会经受往返途中的长期微重力影响外，在月面和火星表面还会受到低重力环境的影响。在登月飞行和月球居住工作中，航天员要经历飞行过程中的微重力和月球表面的低重力的转换。在火星飞行任务中航天员要经历 200 天失重飞行→火星重力（1/3g）环境→200 天失重→地球重力（1g）这样剧烈的重力环境变化。因此，不同的重力环境对人体生理效应的影响及其防护措施研究是载人深空探测任务迫切需要解决的问题之一。

（二）国外研究现状

目前国外对于失重生理效应及防护措施研究较多，对于低重力生理效应和重力转换的生理效应及防护措施问题的研究还处于起步阶段。

1. 失重生理效应研究现状

国外近 50 年的航天医学应用项目的 40%集中于失重生理效应及其发生发展机制研究领域。长期失重飞行会对人体造成各种不利影响。一些变化如航天运动病、心律紊乱、立位耐力下降、肌肉萎缩、骨质疏松已达到病理变化的程度。应该提出的是这些变化都是在采取防护措施的情况下出现的，如果不采取防护措施将会出现更明显的改变，人也不可能长期地停留在太空中。因此研究失重对人体的影响，制定有效的防护措施，最大可能地减少或消除失重的有害作用是十分重要的。失重生理学的研究就是为了解决这些问题。随着飞行时间的延长，地月/地火星际间航行的到来，失重生理学研究的任务越来越重，其重要性也越来越明显。

2010 年 1 月，NASA 公布了新版本的人类研究路线图（human research roadmap），在心血管系统中列入了两项风险：心脏节律问题的风险、重返重力场立位耐力下降的风险。国外由于实现了长期在轨有人留守，载人飞行的失重心血管效应研究已成为常态，效应研究已不再是其研究重点，在轨研究主要是结合综合防护措施的效果评价同步开展。

大量的动物实验、地面卧床实验和空间飞行的结果均表明，在失重或模拟失重环境中，骨骼肌的结构和功能都会出现不同程度的下降，尤其以机体的承重部位（下肢）最为明显，主要表现包括肌肉体积的减少，肌力的下降，纤维结构类型的改变以及肌肉合成代谢的降低等。随着载人航天事业的发展，国内外的研究团队开始大范围的合作研究，已针对关键的问题开展探索，目前主要的研究热点集中在载人飞行及地面卧床实验的循证医学证据积累、失重诱发肌萎缩的机制研究方面。

大量实验结果表明，在失重或模拟失重环境中，骨骼结构和力学性能都会出现不同程度的下降，尤其在承重部位，主要表现包括骨密度下降、骨矿盐丢失、生物力学性能下降、骨形成和骨吸收的平衡遭到破坏等。飞行期间骨丢失持续发生，空间骨丢失是航天医学的持续性研究课题。失重影响骨塑建和重建骨形成下降是造成空间骨丢失的主要原因。空间失重影响成骨细胞的结构和功能，导致骨形成能力下降。失重抑制前成骨细胞增殖分化，减少成熟成骨细胞数量，进而影响骨形成。空间飞行增强了破骨细胞的活性，提高了骨的吸收能力。承重器官骨骼是重要的内分泌器官，调节能量代谢和雄性生殖，而空间飞行也影响后两者。

失重能导致免疫系统多种功能的变化及潜伏病毒的活化，空间环境中微生物基因的表达发生变化，毒力增加，生长速度加快，使得机体受感染机会增加。失重环境中机体的各种生理、药理和药代动力学变化使药物效能下降，体外实验也表明抗生素对悬浮培养的细菌作用降低，揭示常规治疗可能不能很好地控制空间飞行中的感染。对于中长期飞行来说，由于免疫功能下降而造成难以控制的感染对空间飞行将是灾难性的，因此，失重的免疫效应可能会成为人类在地球轨道之外扩张的瓶颈。

国际载人航天领域自 20 世纪 60 年代至今，已开展了广泛的航天飞行失重环境中生物节律特征规律与对抗防护研究。美、俄等航天大国围绕长期航天飞行中的失重风险问题，开展了以生物节律和睡眠监测与评价为核心的系统性研究，基于生物节律结构与睡眠自体调节的绩效建模和预测研究成果，目前已成功实施了生物节律适应、睡眠优化、身体健康与神经行为学绩效的维持与最佳化的相关研究，成功保障了航天员数天乃至长达 16 个月的太空驻留任务。目前国内外已有大量关于航天环境因素影响生物节律的报道，失重影响机体生物节律内环境稳态的机制却仍不明确，相关研究主要局限于提出航天失重环境下影响生物节律和睡眠的可能因素，如液体转移、身体外界压力的缺乏、运动活动的减少、航天服的不舒适感以及空间运动病等。

前庭神经科学研究从载人飞行开始之初就受到了重视，在众多航天医学问题中前庭神经科学研究涉猎的范围较广，包括空间运动病、运动和姿态控制、凝视控制、前庭-自主神经功能、空间定向以及位置感知等方面。前庭神经科学研究始终是航天医学的重要分支，是解决未来深空探索的重要支撑学科之一。随着载人航天的发展，前庭神经科学的研究日益成熟发展，从目前 NASA 的研究来看更为关注感觉-运动功能在重力变换中的适应机制研究，开发新型药物治疗空间及返回后的运动病发生。

2. 失重生理效应防护措施研究现状

随着飞行时间的延长，人们对失重引起的生理功能变化的认识也逐渐深入，同时为了对抗随时间延长而更加明显的失重生理效应，美俄航天大国都逐步提高了失重生理效应的防护技术，开展了在轨防护措施类型、性能指标和使用方案等方面的研究。早期针对短期失重引起的人体心血管功能失调主要采取有氧锻炼措施，随着在轨时间的延长，肌肉萎缩和骨丢失现象逐渐显著，美俄均增加了肌肉力量锻炼。目前国际空间站的失重生理效应防护以运动防护（体育锻炼）为主，着重围绕着心血管、骨骼、肌肉失重生理效应，兼顾生物节律和免疫内分泌功能紊乱实施医学防护。除锻炼措施外，物理措施也是常采用的防护技术。表 3-2 是目前美国和俄罗斯所用的物理和体育锻炼防护措施。

表 3-2 美国和俄罗斯现阶段所用物理和体育锻炼防护措施比较

防护措施	俄罗斯	美国
套带	定期进行	研究项目
下体负压装置	定期进行	早期实验性开展
自行车功量计	定期进行	定期进行
跑台	定期进行	定期进行
抗阻力锻炼装置	定期进行中负荷（60 千克）锻炼 正研制大负荷锻炼措施	定期进行大负荷锻炼
拉力器	定期进行	—
企鹅服	定期进行	正在研究，原理类似企鹅服，但穿着更加舒适，人体各部位静态受力更接近地面重力环境
抗 G 裤	定期进行	定期进行

除上述措施外，美国和俄罗斯航天员在返回段还常采用倾斜座椅来提高返回过程中的抗过载能力，采用补液的措施提高返回后的立位耐力。此外，俄罗斯在飞行中还采用肌肉电刺激的对抗肌肉萎缩等。营养也是国际空间站上常采用的一种对抗措施。药物通常在紧急情况下应用，而非常规应用措施。

美国采用的失重生理效应防护方案主要为利用跑台、自行车功量计及抗阻力锻炼设备定期开展体育锻炼，并根据每个人的最大运动能力制定相应的锻炼方案。俄罗斯采用了物理和体育锻炼相结合的方案，除跑台、自行车功量计及抗阻力锻炼设备，同时还采取套带、下体负压裤、神经肌肉电刺激等其他物理防护措施。俄罗斯采用了比较统一的锻炼方案，没有根据每个人的最大运动能力制定，同时也没有采取大负荷抗阻力的锻炼设备。

虽然美国和俄罗斯现有的失重生理效应防护技术具备保障航天员长期（6 个月）在轨正常生活和工作的能力，但其防护技术水平仅能使失重生理效应得到一定缓解，并不能完全对抗失重对人体的不良影响，进一步完善和优化失重生理效应防护技术仍是航天医学的重要研制任务。

随着失重生理学效应防护的发展，在失重生理效应防护技术上更加注重小型化、高效能、方便应用等特点。例如，NASA 在轨使用了小型化的抗阻力锻炼装置，有效地帮助航天员缓解了在轨骨质丢失和肌肉萎缩。NASA 和 ESA 正在研制一种新型防护措施，该装置一般具有主动和被动两种模式，在被动模式下，人体下肢主要关节活动时通过克服一定的阻力达到锻炼肌肉的目的，在主动模式下能够协助解决人体在登陆月球或火星表面时由于肌肉萎缩而无法站立的问题。

未来载人深空探测任务中航天员在登陆月球和火星时即刻面临失重与低重力变换的新问题。在经过长期失重飞行后，进入月球、火星的低重力环境，面对重力转换，各生理系统会出现怎样的变化，能否在没有医务人员的照料下很快适应火星环境，并投入工作，目前并无相关报道，后续需要开展相关研究。NASA 利用卧床实验来进行飞行模拟，用头高位卧床来模拟月球重力效应，即 1/6 的地球重力效应。对于用头高位卧床来模拟月球重力是否具备可行性，研究人员首先进行了验证研究。可行性研究主要是验证在人体长轴上加载 1/6g（重力加速度）负荷的情况下，受试者是否能忍受 6 天的卧床。2009 年，NASA 通过了该模型的可行性研究，下一步计划进行 30 天的模拟月球飞行研究，以观察该模型上的生理变化。数字航天员项目在纯重力受力分析的基础上，认为用 10° 头高位倾斜卧床来模拟肌肉系统，而在对液体分布分析的基础上，认为用 2° 头高位倾斜卧床来模拟心血管系统。项目建议使用压力袜再加上 10° 头高位倾斜卧床即可综合模拟月球条件下的这两个系统。登月初步研究所获取的数据将和数字航天员项目所预估的数据进行比较验证，在此之后，将进一步测试和研发减轻 1/6g 影响的对抗措施。

3. 人工重力研究现状

在长期的空间实验及地面模拟失重实验中发现，人工重力在失重/模拟失重所致骨质丢失、心血管功能下降、肌肉萎缩、运动及前庭功能紊乱以及空间贫血症等方面有着较好的防护。因此，人工重力被认为是一种多系统失重对抗措施。1999 年，NASA 与美国空间生物医学研究所（NSBRI）在德克萨斯州召开航天飞行医学保障研讨会，主要目的就是在现有的基础上集中发展一种对抗措施，其对任何长时间的太空飞行都是安全有效的，对航天员不会产生副作用，并且制定发展规划。这次会议将“人工重力”列入对抗失重不良影响的首要措施，从此，人工重力进入全面发展的阶段。

建立一个旋转的航天器系统对工程设计、经济以及操作方面提出巨大的挑战，加之航天器系统旋转时头部运动以及科里奥利加速度可以引起严重的运动病，制约着航天器系统的应用前景。同时，人类并不是每天 24 小时都离不开重力，研究发现间断的重力环境即可维持航天员的健康状况。因此产生“全时性人工重力”的航天器系统并不是航天飞行的必要条件，而人力短臂离心机通过旋转产生的“间断性人工重力”则更加实用。短臂离心机占用空间小，经济实用，操作简单，各国将其作为人工重力研究的重点方向。

地面实验发现，人工重力暴露的时间及频率是人工重力对抗失重效果的重要因素。有研究表明，人工重力暴露强度与其效果呈倒置的“U”形曲线，即刺激量太小或太大均没有明显效果，而只有最适合的刺激量才能产生最好的对抗效果。失重环境中人工重力对人体各生理系统的影响非常复杂。人工重力暴露的加速度值大小及暴露频率已成为目前人工重力研究的重点。为了能够确定最有效的人工重力加速度值，明确离心旋转的最佳角速度，了解并克服高速旋转所引起的不良影响，各国在空间及地面环境中进行了大量的实验。

研究表明，人工重力暴露对失重条件下心肌和骨骼肌等具有一定的保护作用，但同时也可能引起视觉系统、前庭系统、运动协调功能紊乱等不良影响。为了进一步明确人工重力对前庭系统的作用机理，减小或避免前庭系统的不良影响，各国开展了大量实验，并取得了突破性成果。但目前对前庭系统的研究仍局限在地面上。

人工重力已逐渐被各国研究人员认可，但对其研究尚处在初级阶段，采用短臂离心机作为对抗失重的措施还有待进一步验证，而具体的对抗方案则迫切需要全面系统的研究。

（三）问题解决策略

解决变重力生理效应与防护问题的主要研究方向包括以下内容。

1. 变重力生理效应及防护技术

目前的变重力效应对抗措施旨在消除人体的副反应，如骨骼和肌肉的退化或者体位性不适。主要研究方向包括以下内容。

（1）长期失重生理效应变化特征。

（2）生理系统的协同调控作用。

（3）人体指标与失重生理效应的关系。

（4）多种应激环境的综合对抗措施。

（5）有益于人体整体的生物学对抗措施。

（6）个体差异和对抗措施之间相互作用。

2. 人工重力生成与评价技术

人工重力的生成是为了建立满足人类生存和健康需求的重力环境，以降低重力、微重力、变重力等环境对人的影响，并对生成的重力环境进行有效的评价。主要研究方向包括以下内容。

（1）人工重力生成方法。

（2）人工重力效能评价。

三、地外环境效应与防护问题

（一）问题内涵

对于载人深空探测任务，航天员在长期飞行或地外生存作业过程中，面临各种特殊环境因素，这些环境尤其是辐射效应及星尘作用，会对人体造成显著影响，使航天员生理健康面临严重考验。

1. 空间辐射问题

空间辐射是载人深空探测任务中人体健康所面临的最重要的风险因素之一。人在地球上生活时，由于地球磁场有屏蔽作用，所以能把银河宇宙辐射的强度降低70%～90%。但在深空环境中，辐射影响却十分严重，银河宇宙辐射在太阳活动极小年的注量率为质子约 $4cm^{-2}\cdot s^{-1}$，α 粒子约 $0.4\ cm^{-2}\cdot s^{-1}$、重离子约 $0.04\ cm^{-2}\cdot s^{-1}$。假如人体细胞核的截面积为 100 平方微米，则身体的每个细胞核平均每 3 天被质子击中一次，每月被 α 粒子击中一次，每年被重离子击中一次。辐射对人体的影响主要表现在两个方面：严重的短期影响；有延迟的长期影响。短期影响周期一般为几天甚至更短，主要症状表现为辐射病，如恶心、呕吐、身体不适、食欲不振和疲劳等。在高电离辐射剂量下，大约两周的潜伏期后，还会发生腹泻、出血、脱发等症状。长期影响是空间辐射的主要危害，一般在受到辐射数月或数年才会显现，主要危害包括组织破坏、癌症、白内障、生殖系统影响和后代发育畸形等。高能空间辐射将对细胞造成生物损伤，包括细胞死亡、细胞变异和细胞瘤变异等。细胞瘤变异将导致肿瘤产生，以至于癌变。航天员所接受的辐射是不可能完全避免的，但应尽量减少辐射剂量。此外，由于成年人中枢神经细胞不再分裂，重离子造成的中枢神经细胞损伤是不容忽视的，尤其是目前尚缺乏这方面的研究资料。随机发生的太阳粒子事件是星际空间飞行的另一个辐射危险源。计算表明，异常大的太阳粒子事件可造成 0.8Sv 的造血器官剂量、5.3Sv 的眼睛剂量和 6Sv 的皮肤剂量。飞行中如遭遇到这样的粒子事件，对航天员的健康危害将是非常严重的，甚至会威胁到生命安全。因此，载人深空探测任务中应把空间辐射损伤评估和防护放在解决航天员健康问题的重要位置。

2. 星尘问题

地外天体星尘等特殊环境也是航天员面临的突出问题。星尘通过飘浮吸附，除对航天器光学元件、太阳电池、热控部件、机械部件等敏感表面造成危害外，更对航天员及支持系统造成多种危害。研究表明：在低重力条件下，呼吸道对粉尘的净化作用会下降。长期驻留任务中，航天员一旦吸入星尘，细腻的尘土颗粒容易到达肺叶内部，甚至肺泡的深处，从而发生严重的危险。月尘等尘土的化学活性很强，一旦航天员吸入，这些表面活性物质就会与人体的肺细胞、血细胞等组织细胞发生反应，从而导致呼吸系统中度中毒，甚至患上慢性疾病。星尘本身形状锋利、有锯齿状的尖峰，一旦人体沾染可能对皮肤、呼吸道黏膜、眼睛等产生物理性损伤。

因此，对于载人深空探测任务，空间的特殊环境，尤其是辐射和星尘在人员长期生存作业时造成的严重威胁不容忽视。地外环境效应与防护问题包括辐射风险评估、辐射监测与防护、行星表面复合型除尘、地外天体特殊环境的高防尘材料等方面，是必须重点关注和解决的问题。

（二）国外研究现状

1. 空间辐射效应及防护

为了评估航天员和实验生物标本所受的辐射风险，需要开展对航天员和生物标本的辐射测量。辐射探测需使用等效组织探测方法和探测器，探测量有吸收剂量、剂量当量、辐射 LET 谱、辐射通量谱以及辐射线能量谱等。目前航天员辐射风险评估仍采用传统的 LET 方法，因此，获取航天员空间活动期间各组织或器官的吸收剂量及其辐射 LET 谱是航天员辐射剂量探测的主要内容。

空间辐射测量使用的探测器和剂量仪由对不同 LET 窗口灵敏的被动式和主动式探测器构成。尽管新的辐射探测器一直在研制，目前最有用的被动探测器仍是热释光探测器（thermoluminescent dosimetry，TLD）、光激发光探测器（optically stimulated luminescence dosimetry，OSLD）和 CR-39 核径迹探测器，最有用的主动探测器是半导体探测器和组织当量正比计数器（tissue-equivalent proportional counter，TEPC）。TEPC 一直是 NASA 的首选主动探测器。

被动剂量仪可用作个人剂量仪和空间站内部区域辐射监测，包括热释光探测器、光激发光探测器、CR-39 核径迹探测器等。高 LET 辐射谱可用 CR-39 测量，辐射剂量可用 TLD/OSLD 测量（低 LET）。全 LET 辐射量（剂量，剂量当量和品质因子）可通过组合 TL/OSL 和 CR-39 的辐射观测量得到。迄今为止仍然没有能满足个人剂量测量要求的主动探测器和剂量仪。目前选用的被动个人剂量仪是 TLD/OSLD（对低 LET 灵敏，只能作剂量测量，不能作 LET 谱测量，也不能给出辐射品质因子）和 CR-39 核径迹探测器（对 LET≥5 keV/μm water 灵敏，能够测量 LET 谱和品质因子）。

国际上用于空间辐射测量的主动探测器有 TEPC，半导体探测器（ALTEA），带电粒子方向谱仪（charged particle directional spectrometers，CPDS），剂量望远镜（DOSimetry TELescope，DOSTEL），LiuLin 探测器和电离室。

为了科学地衡量空间飞行过程中可能对生物带来的辐射危害，快速准确地评估生物受照剂量对其具有重要作用。利用生物指标分析的方法来评估生物的受照剂量已成为目前空间辐射生物学和辐射防护学研究中最受关注的领域。

NASA 于 2007 年首次汇集了世界各国的辐射专家召开了辐射生物标志物工作会（NASA Radiation Biomarker Workshop，September 27～28，2007）。NASA 针对辐射生物标志物研究的重点是增强基础和基本的研究，以扩大相关知识基础，并减少由于目前暴露和设计要求固有的不确定性。这包括大量的放射生物学研究项目，主要通过使用以加速器为基础的模拟辐射研究，例如，美国航天局的太空辐射实验室已经嵌入了针对生物计量的生物标志物的研究。在进行空间辐射机制和空间辐射损伤和修复研究中会逐渐发现和挖掘到具体的生物指标。

脱氧核糖氨酸（deoxyribonucleic acid，DNA）是电离辐射的重要靶分子之一，DNA 双链断裂（double strand break，DSB）是电离辐射诱导 DNA 损伤中最常见和重要的形式，其损伤方式和损伤程度与射线种类和辐射剂量直接相关。DSB 的细胞反应一般经历感应、转导、效应几个阶段。目前在临床上得到应用的生物计量标志物基本上都是从不同层面检测 DNA 损伤和损伤后反应及修复效应进行挖掘和验证的。

从发掘及应用的时间上看，从 20 世纪 60 年代开始至今已采用并延续至今的如属于细胞遗传学范畴的染色体状态改变、属于分子生物学范畴的体细胞基因突变、属于检测方法范畴的 DNA 突变检测实验等技术来衡量辐射损伤效应。但生物计量计是以灵敏、可靠、快速、适用范围广为前提的，在以上层面展开的研究已经不能满足该要求，在临床应用中存在一定的局限性。从 20 世纪 90 年代开始的研究则进一步选择了与 DNA 双链断裂识别和修复相关的基因以及编码蛋白来评估一定范围的辐射受照剂量，该类蛋白可称为辐射分子标志物（molecular biomarker）。随着检测技术的更新发展以及辐射效应的深入研究，近期研究（2010 年至今）发现微核糖核酸（micro-RNA）与辐射氧化应激的关联也使其成为电离辐射生物标志物的潜在靶点；代谢物的变化能够快速地反映出生物体对辐射刺激的应答，也为辐射生物计量计研究提供了更广泛的研究空间。

辐射防护是另一项重要的研究，对于近地轨道空间站而言，辐射防护标准指的是晚期效应而不是早期效应。随着航天员队伍壮大，乘组的构成越来越复杂并且在空间环境工作的时间长。因此，寿命缩短作为空间电离辐射的最严重后果，就成了最主要的参考辐射风险，由此可以确定相应的可以接受的辐射水平和辐照时间。寿命缩短是第一位辐射参考风险，主要来源于肿瘤疾病的诱导和加速，因此剂量响应与癌变的关系是基本的经验性基准，由此可以导出辐射限制量。有关辐射致命癌症发生概率和估计寿命缩短的详细研究可参见国际防辐射委员会（International Commission on Radiological Protection，ICRP）（1991 年）。第二位的辐射参考风险与器官有关，是晚期晶状体白内障、永久或晚期皮肤效应、暂时不育等。ICRP 建议书推荐的辐射防护的基本原则是：正当性、最优化和剂量限值。该原则被各国及各辐射相关行业普遍采用。

（1）辐射正当性原则：改变辐射照射环境的任何决策，不能产生更多危害。也就是说，引入新的放射源、减少现有照射或减少潜在照射风险时，应该得到足够的个人或社会利益以弥补其产生的危害。

（2）剂量限值原则：除了病人医疗照射外，计划照射环境中，辐射源对任何个人的总剂量不能超过委员会建议的相应限值。

（3）防护最优化原则：受到照射的可能性、受照人数、个人剂量大小，在考虑经济和社会因素后，应该保持在尽量低的可实现的水平，这意味着防护水平在众多因素下应该是最好的，使利益相对于损害最大化。为保护辐照人员，对个人剂量或风险应该有限制。

空间辐射引起关注的一个原因在于随机性效应风险增加的可能性。随机性效应中最重要的是癌症，一般而言，当辐照人员职业生涯结束后癌症风险直到很晚才表现出来。随机性效应的剂量限值用有效剂量来表示，限值使得受辐照人员的癌症死亡风险概率小于 3%。

不同性别和年龄的辐射剂量限值如表 3-3 所示。

表 3-3 终生致死癌症风险为 3%的 10 年职业剂量限值

接受照射年龄/岁	有效剂量限值/Sv	
	女性	男性
25	0.4	0.7
35	0.6	1.0
45	0.9	1.5
55	1.7	3.0

2. 星尘效应及防护研究

短期月面停留任务中，航天员很难受到月尘的持久影响，但在月球基地这样长期的停留任务中，月尘将对航天员的身体健康造成重大威胁。Apollo航天员在出舱活动时，都闻到了月尘散发出的类似于火药味的刺激性臭味，有几位航天员报告眼睛受到刺激，还有航天员在返航途中出现了类似花粉热的症状。月尘的主要组成成分是硅化物，这些物质本身并没有毒性，但却可能造成航天员呼吸、皮肤及眼睛的过敏，甚至患上“硅肺病”。NASA 的研究已经证明月球尘埃中含有几种有放射性的成分，且容易通过呼吸道进入人体，并对肺部造成危害。图 3-34 为 Apollo 任务中被月尘污染的登月航天服。

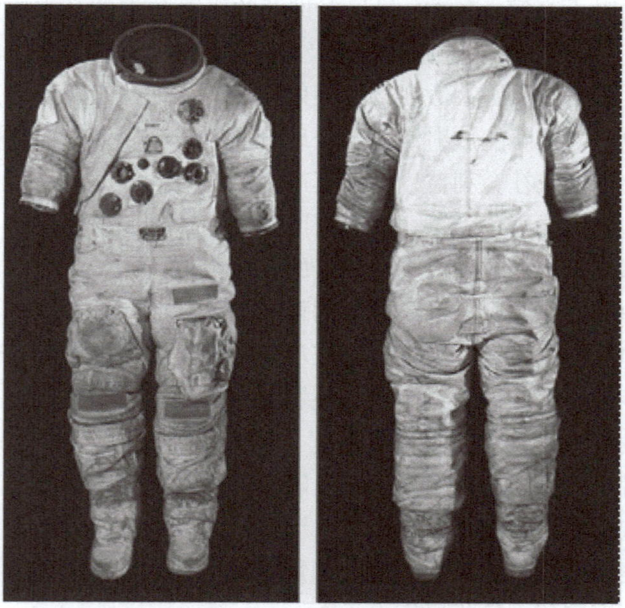

图 3-34 Apollo 任务中被月尘污染的登月航天服

资料来源：Apollo Programsummary Report

虽然人类尚未从火星上取回土壤样品，但探测数据分析表明，火星尘可能是一种具有腐蚀性的强氧化剂。火星尘含有包括砷和六价铬在内的有毒致癌物质。在火星风暴来临的时候，沙尘可能会刮进探测仪器和航天服的缝隙中。美国 NASA 及北达科他州大学、日本、加拿大等均建立了月尘及火星尘暴模拟装置，用于评估尘埃环境对宇航服及关键材料的影响。

国外对星尘防护的研究主要集中在对月尘和火星尘的防护方面。

NASA 的马歇尔航天飞行中心在 1967 年资助诺斯罗普空间实验室研究了月尘的防护和清除方法。诺斯罗普空间实验室同时对 8 种不同的辐射器表面进行了防尘和除尘方案研究，包括尼龙刷、静电帘、静电表面、喷流护罩、喷流表面、旋转表面、旋转护罩以及振动表面。其中振动表面、喷流护罩和尼龙刷三种方案最值得考虑并进行了使用。实验表明，在这些措施中喷流表面效果最好，其后是尼龙刷、喷流护罩，最后是振动表面，但是所有方法中没有一个效果是较为明显的。考虑到尼龙刷系统重量最小，在 Apollo15、16、17 飞船上均采用了此种方法进行月尘的清除，但如前所述并没有获得好的成效。

美国还尝试了几种月尘的清除方法，主要有泡沫（或者凝胶）、液体方法和气体方法。泡沫清除方法很难应用到光学表面，这是因为泡沫不能很好地黏附在光学表面上，过多的泡沫则会超出需要清除的范围，因此这种方法没有进行更进一步的研究。

基于 Apollo 登月探测任务的实际经验，结合近年来国外项目的实施情况，近年来特殊环境高防尘技术重点包括：新型主被动除尘技术，包括电动力学非接触除尘技术、新型颗粒物低黏附涂层技术、等离子体清除技术以及气体吹扫清除技术；高防尘机构与组件技术，重点设计及发展高防尘连接器、活动部件等易受空间颗粒物影响的机构与组件。

（三）问题解决策略

解决地外环境效应与防护问题主要从以下几个方面重点开展研究。

1. 辐射风险评估技术

在人类飞往月球和附近行星前，特别是重离子辐射以及辐射风险有待研究。重离子辐射潜在的生物效应、危害和可能的效应评估需要新的技术和方法。

高能高电荷粒子（HZEs）的辐射是深空任务辐射的重要组成部分，因而也是相应辐射风险的重要贡献者。至今，多数 HZEs 的辐射风险评估仍然基于低 LET 伽马射线的研究结果，这必然导致风险评估的不科学和不准确。需要进行大量 HZEs 的实验，特别是与人体组织器官有关的实验，才能推导出 HZEs 的辐射风险规律和相对生物效应（relative biological effectiveness，RBE）值。为了计算评估重核的辐射生物效应及后果，必须建立实验数据库，并对理论模式做重大改进。这就需要更多的研究，包括动物、组织并具有清楚的生物终端如细胞动力学、细胞失活、转换、调节和调节效应的细胞培养等，以提供各种辐射的辐射剂量、粒子通量和辐射效应信息。现有的辐射风险评价体系都是建立在地面研究数据的基础之上，针对深空探测任务中这样低剂量率、高能量粒子的长期持续照射，现有的辐射风险评估体系可能并不能完全适用。主要研究方向包括以下内容。

（1）辐射效应数据库。

（2）辐射风险分析与评估。

2. 辐射监测与防护技术

空间辐射监测与防护技术是保障航天员不受辐射危害的重要技术手段。空间辐射环境复杂多变，粒子类型众多，能谱范围宽，并且还有核反应产生的次级粒子。为了精确测量混合场的辐射剂量以及准确得到空间辐射混合场的能谱，需要研制新型、小型化、低功耗、高可靠性、标定准确的空间辐射混合场测量设备，为深空探测中航天员辐射剂量的实时监测以及辐射安全评价提供关键数据。同时，单纯依靠质量厚度屏蔽的方法，不足以保证深空探测飞行中航天员的辐射安全。因此，需要研究适用于载人深空探测的主被动空间辐射防护技术。主要研究方向包括以下内容。

（1）小型化高可靠空间辐射混合场测量技术。

（2）空间辐射与结构屏蔽和防护之间的相互作用。

（3）空间辐射防护先进材料。

（4）辐射生物对抗技术。

（5）基于等离子体及超导的空间辐射主动防护技术。

3. 行星表面复合型除尘技术

载人深空探测任务复杂，对除尘方法的要求较高，受限于单一除尘技术的局限性，不可能在整个探测任务中只使用单一的除尘技术。从费效比和除尘技术的适用性，特别是载人深空探测任务中人的主动性出发，应着重考虑以航天员为主导的多种除尘技术的复合，达到最佳的费效比和除尘效果。主要研究方向包括以下内容。

（1）电帘除尘技术。

（2）压缩气体冲洗技术。

（3）真空除尘技术。

（4）磁场除尘技术。

（5）激光除尘技术。

4. 地外天体特殊环境的高防尘材料及设备

星尘问题的有效解决途径之一是研制高效的防尘材料，如新型防尘自清洁薄膜材料等。通过防尘材料的研制，可以有效减小尘土吸附、便于尘土清洁，从而保护人员不受星体表面尘土环境的侵害，主要研究方向包括以下内容。

（1）器件表面自清洁抗污染表界面系统。

（2）复合体系在多因素耦合环境下自清洁防尘机制。

（3）基于抗静电流体的尘土易清除表界面构筑。

（4）地外星体主动除尘设备。

四、航天员健康监测与维护问题

（一）问题内涵

伴随着飞行时间的延长，航天员罹患疾病和受到意外伤害的概率增加，加之失重、辐射、噪声、振动、昼夜节律改变等航天环境对人体不利影响的累积，对人体的生理应激作用等，将影响航天员健康状态，增加疾病发生风险。同时，随着飞行时间的延长，航天器系统故障发生概率的增加，可能会出现有害气体中毒、低压缺氧、烧伤等紧急医疗事件。

飞行实践表明，尽管参加飞行的航天员均为通过严格选拔的健康人群，且飞行中采用了周密的健康支持保障措施，航天员仍不可避免地出现一些功能性或器质性失调，但严重疾病发生概率很低。经常发生的疾病主要包括：空间适应综合征、便秘、头痛、背痛、外伤、失眠、疲劳、皮肤感染、上呼吸道感染、无症状心律失常、眼部疾病、口腔疾病、尿路感染、肠炎、鼻出血问题等。

因此载人深空探测任务必须开展长期飞行生理医学问题的研究，建立相应的航天员生理健康监测与维护手段，对航天员生理系统的功能与状态进行跟踪，并维持健康的工作状态，医学监测与维护应覆盖心血管系统、运动系统、骨骼系统，泌尿系统、血液系统和免疫系统等重要生理系统。

（二）国外研究现状

航天员医学监测技术方面在国际空间站上已经开展了许多研究，主要包括常规医学监测、出舱活动医学监测及环境医学监测等几大类。常规医学监测主要监测指标包括 12 导心电图、24 小时心电图、下体负压、运动负荷心血管功能、身体质量测量、小腿体积、血常规、血生化、尿生化、超声等。出舱活动前及执行交会对接任务时还将加强监测。环境医学监测主要为定期监测水质、微生物、辐射、大气、噪声环境等。其主要指标包括：水中总碳含量、总无机碳含量和总有机碳含量、pH、电导率、总菌落数及大肠杆菌菌落数，物体表面及空气中的细菌、真菌数，辐射暴露水平，有害气体浓度，航天器内噪声值等。如图 3-35 所示为航天员医监医保系统。

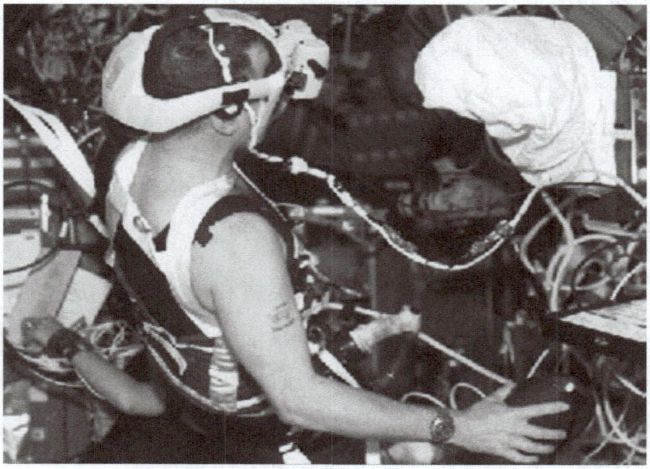

图 3-35　航天员医监医保系统

资料来源：http: //www.nasa.gov

国际空间站医学处置的硬件保障主要源于乘员健康保障系统，包括以下内容。

（1）俄罗斯服务舱的医学检查设备，基本体系、架构和配置与“和平”

号空间站类似，仅在硬件构成和药物方面有所更新。

（2）美国实验室和居住舱的乘员保健系统，含三个子系统：健康维持系统，包括诊断和治疗部件以及药物；环境监测系统，包括分析空气、水和表面样品所用设备；对抗措施系统，包括用于日常身体训练和监测健康水平的设备。

俄罗斯用于预防、治疗的舱载药箱包括：常规医疗药箱、常规预防用药箱、应急药箱、医生专用药箱、个体用药药箱，舱载急救包、额外补充用药药箱以及更换药剂药箱，分别适用于飞行中常见病治疗、预防及调节、危重情况救助、专业医生用药、个体化用药、联盟号飞船短期飞行医学处置、额外补充用药、替换过期药物和医疗设备等情况。

美国的乘员健康维持系统，主要用于伤病的预防、诊断和治疗，并具备对患病乘员的转运能力。它包括医疗应急包、乘员防污染用具包、高级生命保障包、乘员医学固定系统、除颤器、呼吸保障包、辅助保障包、临时医疗包及噪声防护包等，可为 3 位乘员中的 1 人提供 180 天高级生命保障能力。可以看出，除了日常较小疾病的诊治外，美国更加强调对严重事件的应对能力。

在轨飞行疾病的有效诊治依赖于 4 个方面：为准确诊断提供客观依据的健康检查能力、体现空间飞行任务特点的疾病诊断（鉴别诊断）标准、疾病在轨治疗技术能力、实施检查和治疗主体的医学技能水平。

受空间资源限制，在轨飞行配置的诊断治疗用硬件设施十分有限，现有在轨医学检查设备为最基础设备，缺乏深入细化的生理功能及影像学检查设施。加之，失重生理效应等对临床表征可能的干扰作用，在轨飞行航天员的健康状态评估及疾病准确诊断存在一定困难。

在治疗方面，国际空间站配置 100 余种药物，主要用于内外科及五官科较常见疾病的治疗，但只满足最基本处置需求，治疗能力有限，治疗手段单一，无法实现可能需要的大量快速输液、手术治疗等。

目前，国际空间站飞行乘组一般不配备具有专业医学背景知识的航天员，仅在飞行前指定医疗官，进行约 80 小时的在轨用医学知识及操作技能训练。因此，在轨飞行航天员不具备实施较复杂医学诊治的能力，具有一定风险。

（三）问题解决策略

解决航天员生理健康监测与维护问题的主要研究方向包括以下内容。

1. 航天员健康风险与预防措施

从生理学角度，研究空间特殊复合环境下，人体各系统功能改变而引起运动、生长发育、昼夜节律等方面的变化及其机制，在研究人体各系统影响及其细胞和分子机制的理论上，探索利用药物、物理等措施治疗和防护航天员生理、病理变化及相应的治疗和对抗措施。针对中长期的航天环境影响，研究航天员的疾病谱，研究疾病的有效疗法。主要研究内容包括以下内容。

（1）长期飞行的健康风险研究。

（2）长期飞行医学对抗措施研究。

2. 航天员健康监测技术

为了保障航天员在长期飞行及驻留过程中的健康，应注重将新技术手段运用于健康监测工作中去，尤其注重医学监督的自动化，注重先进的通信技术、信息技术、人-机界面技术与医护技术的整合，以提高医学监督水平。主要研究方向包括以下内容。

（1）不间断检测生理参数技术。

（2）“星型图”分析系统。

（3）心肺功能综合诊断系统。

（4）遥医学技术应用信息系统。

五、航天员心理健康与伦理问题

（一）问题内涵

长期在轨飞行，密闭狭小空间、有限人群交流、单调生活与高负荷工作以及人工和透射光暴露等因素，对航天员的心理负面影响效应突显。长期飞行中航天员的心理状态，是一个连续的变化过程。但是，它们的发生、表现形式、状态的转化仍存在着明显的个体差异。这是由航天员的个性特质、当时的健康状态以及工作、生活条件等决定的。

累积性疲劳、筋疲力尽和衰弱在长期飞行中出现最早，也是最明显的心理适应不良现象。若出现明显情绪不稳定，则波动很大，出现系统性、经常性错误，地面提出的一些不合理建议会遭到拒绝，影响社会适应性及人际关系。有时还会出现欣快现象，即发生与有关事件不相称的，或无明确原因的过分的幸福、满足和舒适感。抑郁是另一种心理不健康的表现状态，对一般状况、心境和工作进展的满意度倾向于负性评价，并伴有对即将来临的任务批评增多；与地面专家交换信息时，具有情绪易激惹和批评增加的倾向，并伴有谈话主动性下降和交流时间减少；对有感情因素的通话和玩笑的接受性降低，伴有生硬语气和交流对象的选择性；对有特别内容的心理支持措施表现出特异的偏爱。更严重的心理问题可能还会出现神经症样状态、负性人格特质加重等问题。

与心理问题同样重要的还有伦理问题，这一点在长期深空探测任务、驻留任务中必须给予关注，如航天员意外死亡，该如何处理尸体；航天员临终前是否应立下遗嘱；航天员生命安全和任务成败存在矛盾时，应以航天员生命为主还是以任务成败为主；长期任务中的情感关系如何处理等。如果这些问题不解决，长期的载人深空探测任务就很难顺利实施。因此，对于伦理学的研究，不但要从哲学的角度出发，还应考虑制定相应的空间法律进行规定和约束，建立载人深空探测实施原则，指导载人深空探测任务的实施。

总之，航天员心理健康与伦理问题涵盖长期飞行行为与心理健康问题、航天员心理健康监测与维护问题、航天员绩效维持问题、长期飞行任务中的伦理学等方面，是载人深空探测任务面临的突出问题。

（二）国外研究现状

无论短期还是长期飞行，航天员都是处于一种独特的应激环境。即使采用了很好的选拔方法，飞行乘员之间出现的行为问题也会影响到航天任务的完成。“联盟”21 飞行期间，一名航天员由于抱怨闻到一种辛辣的气味而被提前送回地面，实际上他所闻到的气味可能是由于幻觉引起的。20 世纪 70～80 年代，俄罗斯飞行任务发生过 3 次因个人心理因素导致任务提前终止的行为和心理紧急事件。在天空实验室飞行任务中，也曾发生航天员与地面任务控制组之间产生摩擦，停止了正在进行的工作，并坚持在工作几周没有休息的情况下自主安排一个休息日的情况。在俄罗斯的一个“礼炮”号空间站任务中，也出现过与地面控制人员发生冲突的事件，乘组主动与任务控制组之间停止通信 24 小时，并没有向地面报告太空发生的一次火灾。据统计，参加 1981～1989 年 89 次航天飞机飞行的 208 名航天员中，出现了 34 次行为问题迹象或症状，发生率大约是每 2.88 人每年出现一次。在 1995 年 3 月到 1998 年 6 月期间，美国航天员参加了俄罗斯“和平号”空间站飞行，在此期间出现了两次心理事件，其发生率是每 0.77 人每年出现一次，而且这些数据可能因为航天员通常不愿意报告他们出现过心理症状而低估。

太空飞行研究表明与地球睡眠质量相比，所有航天员的睡眠数量和质量明显下降。在1988年进行的一项飞行后调查报告发现58名航天飞机航天员（飞行时间4～9天）平均每天睡眠时间是6小时，飞行第一天和任务的最后一天睡眠时间最少（分别是5.6小时和5.7小时）。很多航天员报告在某些时段，睡眠的时间少于5小时，一些航天员只睡2小时或更少时间。航天中的睡眠结构（即睡眠质量）也出现改变。研究表明航天员睡眠时第一次快速眼动的潜伏期缩短，睡眠波从第一周期向第二周期分布，飞行中最后1/3时期的睡眠和飞行后（着陆后第2、4、5天）的睡眠使睡眠波减少，同时伴随着睡眠持续时间和睡眠复原值的增加。

最近从一些短期飞行任务的总结中证实了近日节律的不同步确实对飞行中的一些航天员有影响，引起近日节律不同步的主要原因是照明条件、工作安排和其他航天环境。以体温为指标，评价了4名参加俄罗斯“和平号”空间站飞行6～8天航天员的近日节律，与地面测量的基础值相比，这些航天员的体温节律时相延迟了2个多小时。对于长期飞行任务时近日节律变化的研究更少。一名在“和平号”执行100天飞行任务的航天员近日节律变化结果表明在任务的前3个月维持了24小时的近日节律，在任务的最后12天出现睡眠紊乱和近日节律振幅的下降。

国际空间站任务十分重视心理健康的评估与维护，对行为状态和心理社会问题的预防始于航天员选拔，覆盖飞行任务的前、中、后。飞行前，进行候选者个性、情绪稳定性和家庭要求等适应性检查，选入合格人员；任务前进一步了解航天员的心理支持选项偏好，制定个性化支持方案，对航天员及其家属进行“课程学习”；建立专门机构负责解决任务期航天员家庭可能遇到的问题；教授航天员心理自我管理调试方法；进行冲突管理训练、多文化融合训练、精神问题医学诊治训练等；并在飞行前6个月、1个月再次进行心理检测评价。

飞行中，开展心理健康监测与心理保障。心理监测主要包括：跟踪乘组与地面的声音信息；通过电视屏幕观察乘员的行为举止，分析乘组差错和作息时间表；与乘员进行私密心理会谈，评定其心理健康状况；开展在轨飞行认知评估等自我测验项目等。心理健康保障措施主要包括：提供新闻报道、音像节目等信息支持；合理安排作息，提供休闲娱乐；开设私人家庭聚会、私密心理会谈，并通过家人及心理保障组送去私人物品补给，与家人及朋友的交流沟通；专业心理保健与调整等。

同时，飞行中还针对可能出现的行为学问题和心理障碍提供了必要的纠治手段。包括：在医疗工具包中提供相关治疗药物，国际空间站药包中有两种抗焦虑药、两种抗抑郁药和两种抗精神病药；心理学家或精神病学家定期与航天员进行私人心理会谈。

由于载人深空探测的发展还处在初期阶段，目前的技术水平和发展程度还不足以让伦理学问题引起足够的关注，因此目前国际上对伦理学的研究还相对较少。

（三）问题解决策略

解决航天员心理健康与伦理问题，应从科学和技术的角度出发，重点研究以下内容。

1. 长期飞行行为与心理健康研究

对于长周期任务，长期飞行、幽闭等特殊环境产生的心理影响不容忽视，包括个体心理问题，人际关系问题，社会心理学问题等。载人深空探测任务必须开展关于航天员心理学问题的研究，解决由于心理问题造成的焦虑、抑郁、思乡病、人格改变、人际关系紧张、敌意等问题，确保航天员的身心健康。主要研究方向包括以下内容。

（1）深空探测个体心理问题研究。

（2）深空探测人际关系问题研究。

（3）深空探测社会心理学问题研究。

2. 航天员心理健康监测与维护技术

针对航天员心理健康监测与维护问题，应丰富航天员在轨心理健康状态测评手段，提高航天员在轨心理状态预估能力，建立地面支持与在轨自主心理调节与治疗有机结合的长期飞行航天员多元化综合心理保障技术，维持长期飞行心理状态的健康、稳定，提高突发应急事件时航天员的心理决策能力。主要研究方向包括以下内容。

（1）航天员在轨心理健康状态地面测评技术。

（2）航天员心理健康状态在轨自测技术。

（3）基于地面支持与在轨自主结合的多元化综合心理保障技术。

3. 长期飞行任务中的伦理学

伦理学以道德为研究对象，是哲学体系的一个重要分支，面向长期载人深空探测任务，应建立标准的航天法与伦理学规范体系，研究男女关系的协调发展、死亡遗体的妥善处理、生命权益的有效维护等核心问题。主要研究方向包括以下内容。

（1）航天法与伦理学规范体系研究。

（2）深空探测的生命权益问题研究。

第四章 我国载人深空探测的优先领域和重点方向

第一节 涉及的技术领域

载人深空探测存在的突出科技问题示意如图 4-1 所示。面向载人深空探

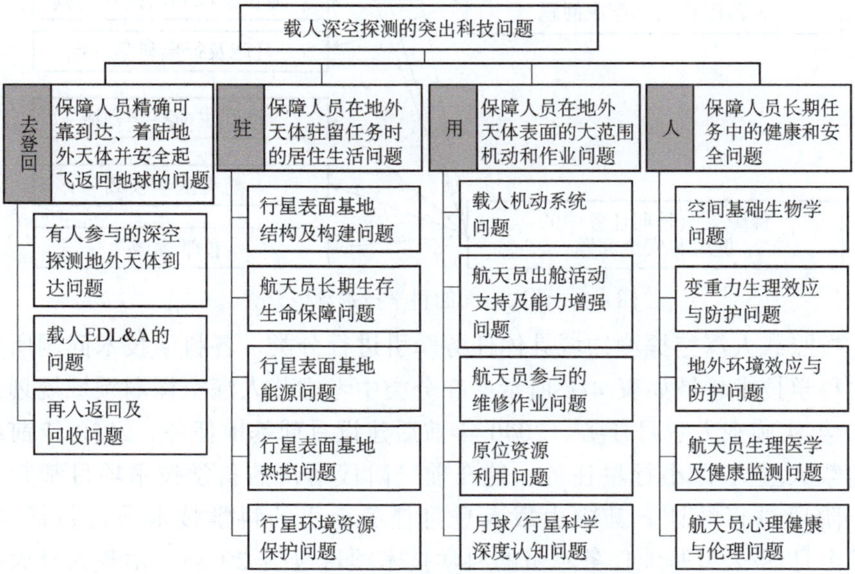

图 4-1 载人深空探测存在的突出科技问题示意

测任务梳理出围绕“去、登、回、驻、用”及“人”的问题共包括 4 大方面 18 个突出科技问题，如图 4-2 所示，其中所涉及的技术领域包括载人飞行器总体技术，动力与能源技术，空间热物理技术，制导、导航与控制技术，着陆回收技术，材料、结构与制造技术，载人环境与生命保障科学与技术，人机联合作业技术，原位资源利用技术，月球及行星科学，空间生命科学，航天医学等，总计约 60 项科学技术项目。

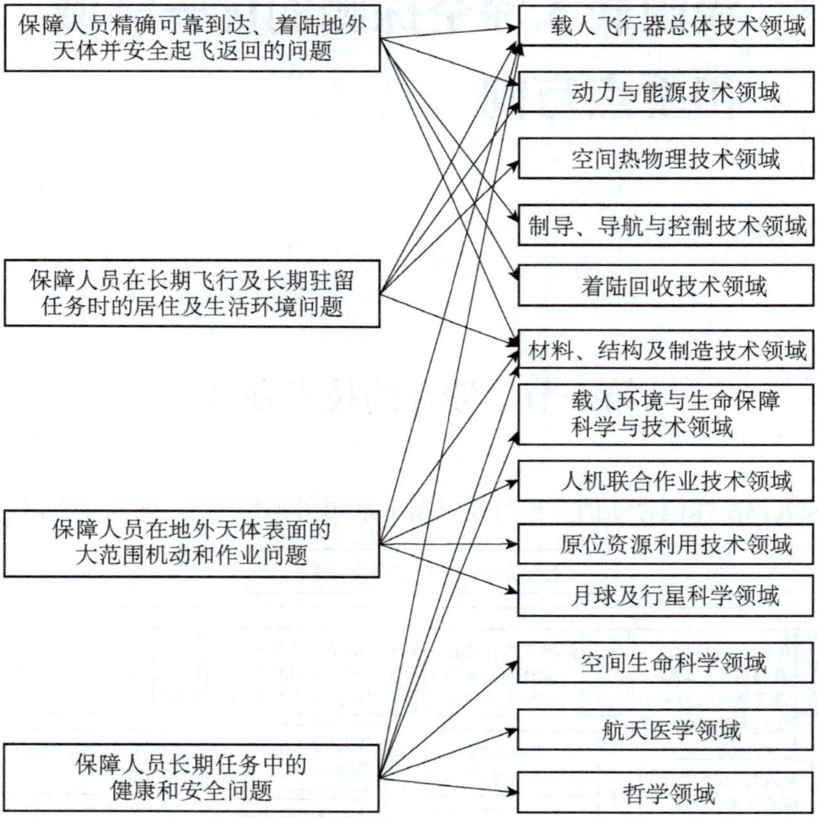

图 4-2 四大方面的科学技术领域分类

按照载人深空探测领域具体任务牵引进行分类，各科学技术问题所对应的科学技术领域如表 4-1 所示。在分类中考虑载人深空探测领域规划，2030 年实施载人登月任务、2040 年前后建设月球基地任务、2050 年前后实施载人登火星/小行星任务。能在前一阶段解决的科学技术项目都归入前一阶段进行统计。其中由载人登月任务牵引的科学技术项目包括 23 项，由月球/火星基地任务牵引的科学技术项目包括 29 项，由载人登火星及载人登小行星任务牵引的科学技术项目包括 8 项。

表 4-1　载人深空探测任务对科学技术的牵引性

技术领域	载人登月	载人月球/火星基地	载人火星及小行星
载人飞行器总体技术领域	—	行星表面基地设计技术	—
	—	行星表面基地建造技术	—
	高速进入/再入返回气动设计及试验技术	—	—
	—	系统可维修性设计技术	—
	—	航天员参与的维修操作技术	—
	—	基地全周期高可靠结构维护技术	—
	—	行星表面复合型除尘技术	—
	—	—	地外星体表面载人飞行器技术
	返回样本隔离存储技术	—	—
动力与能源技术领域	—	核电源技术	—
	—	—	无线能量传输技术
	—	能源系统健康监测及智能处理技术	—
	大推力液体火箭发动机技术	—	—
	先进低温推进技术	—	—
	燃料电池技术	—	—
	—	—	核推进技术
	深度变推力发动机技术	—	—
制导、导航与控制技术领域	高精度高安全要求的EDL&A 阶段 GNC 技术	—	—
着陆回收技术领域	大承载群伞技术	—	—
	可控翼伞技术	—	—
空间热物理技术领域	—	大规模热量传输技术	—
	—	高效热量排散技术	—
	—	环热电一体化技术	—
材料、结构及制造技术领域	轻质低温绝热材料技术	—	—
	大承载高效着陆缓冲吸能材料技术	—	—
	新型轻质热防护结构及材料技术	—	—
	大型箭体制造技术	—	—
	气囊设计与制造技术	—	—
	地外天体特殊环境的高防尘材料	—	—

续表

技术领域	载人登月	载人月球/火星基地	载人火星及小行星
人机联合作业技术领域	非密封载人行星车辆技术	—	—
	—	密封增压载人行星车辆技术	—
	先进舱外服技术	—	—
	—	—	机械外骨骼技术
	—	—	先进人机交互技术
	智能机器人与自主控制技术	—	—
载人环境与生命保障科学与技术领域	—	植物栽培技术	—
	—	动物饲养技术	—
	—	废物处理技术	—
	—	生命保障系统集成技术	—
原位资源利用技术领域	—	行星表面能量的利用技术	—
	—	消耗品的提取与利用技术	—
	—	—	行星表面推进剂获取与制备技术
	—	行星原位制造技术	—
月球/行星科学领域	—	航天员参与的月球/行星地质学研究方法与设备研制	—
	—	航天员参与的月球/行星物理学研究方法与设备研制	—
	—	航天员参与的月球/行星化学研究方法与设备研制	—
空间生命科学领域	空间重力生物学	—	—
	—	空间辐射生物学	—
	—	空间生命生态支持系统的基础生物学	—
	—	空间微生物学	—
	飞行器灭菌处理与生物净化技术	—	—
航天医学领域	变重力效应防护技术	—	—
	—	辐射风险评估技术	—
	—	辐射监测与防护技术	—
	—	—	人工重力生成与评价技术
	航天员健康风险与预防措施	—	—
	航天员健康监测技术	—	—
	—	长期飞行行为与心理健康研究	—
	—	航天员心理健康监测与维护技术	—
哲学领域	—	—	长期飞行任务中的伦理学

第二节　遴选优先发展科学技术领域

一、遴选原则

载人深空探测任务涉及多个科学技术领域，根据载人深空探测任务的中长期发展规划，应有选择地、阶段性地开展研究，划分优先级，遴选原则主要有以下两点。

（一）原则一：任务牵引时间紧迫性的原则

根据我国载人深空探测任务发展规划，主要以载人月球、小行星和火星探测为主要目标，其中月球是首选目标，是开展载人深空探测工程不可跨越的一步；之后建设月球基地、深度开发月球资源；之后实施载人小行星/火星探测。载人火星探测是 21 世纪上半叶开展载人深空探测工程的远景目标。载人登月、月球基地、小行星探测、火星探测逐步发展，因此，以考虑任务牵引时间紧迫性为原则，可分为三个等级，如表 4-2 所示。

表 4-2　任务牵引时间紧迫性的原则等级划分

等级		等级说明
A 级	★★★	制约 2030 年载人登月任务实施的关键性科学技术
B 级	★★	不影响载人登月任务，但是制约 2040 年月球基地任务实施的关键性科学技术
C 级	★	不影响月球探测任务，但制约 2050 年小行星探测、火星探测和后续人类长期可持续发展的关键性科学技术

（二）原则二：技术瓶颈与重大难题优先发展原则

从解决制约工程任务的技术瓶颈和重大难题优先发展的角度出发，将上述 60 个科学技术项目划分为瓶颈技术、关键技术和重要技术三个级别，其中技术瓶颈与重大难题应优先发展，如表 4-3 所示。

表 4-3　技术瓶颈与重大难题优先发展原则等级划分

等级		等级说明
A 级	★★★	瓶颈技术：不解决则无法实施载人深空探测任务的关键性技术； 重大科学难题：不解决则制约载人深空探测任务实施的科学研究项目

续表

等级		等级说明
B 级	★★	关键技术：不解决则影响载人深空探测任务实施程度的关键性技术； 科学难题：不解决则影响载人深空探测任务实施目标的科学研究项目
C 级	★	重要技术：对长远期载人深空探测任务实施具有重要作用的技术； 基础科学项目：载人深空探测任务中所涉及的基础性科学问题

充分考虑"任务牵引"和"技术推动"两方面优先遴选原则，制定优先发展的技术领域遴选标准，如表 4-4 所示。

表 4-4 优先发展的科学技术领域遴选标准

等级		等级说明
A 级	★★★	原则一或者原则二中至少一项为 A 级（★★★），即满足下列条件之一： ➢·制约 2030 年载人登月任务实施的关键性科学技术； ➢·瓶颈技术：不解决则无法实施载人深空探测任务的关键性技术； ➢·重大科学难题：不解决则制约载人深空探测任务实施的科学研究项目
B 级	★★	原则一或者原则二中至少一项为 B 级（★★），即满足下列条件之一： ➢·不影响载人登月任务，但是制约 2040 年月球基地任务实施的关键性科学技术； ➢·关键技术：不解决则影响载人深空探测任务实施程度的关键性技术； ➢·科学难题：不解决则影响载人深空探测任务实施目标的科学研究项目
C 级	★	原则一和原则二均为 C 级（★），即满足下列条件之一： ➢·支持人类长期地外驻留任务执行和可持续发展的关键性科学技术； ➢·不影响月球探测任务，但制约 2050 年载人小行星探测、火星探测和后续人类长期可持续发展的关键性科学技术； ➢·基础科学项目：载人深空探测任务中所涉及的基础性科学问题

二、遴选结果

根据优先发展原则，对优先发展的科学技术项目进行遴选排序，如表 4-5 所示，其中 A 级科学技术项目 17 项，B 级科学技术项目 28 项，C 级科学技术项目 15 项。

表 4-5 科学技术项目及领域优先发展选择结果

等级		科学项目	工程项目	科学技术领域
A 级	★★★	—	大承载高效着陆缓冲吸能材料技术	材料、结构及制造技术领域
		—	新型轻质热防护结构及材料技术	材料、结构及制造技术领域

续表

等级		科学项目	工程项目	科学技术领域
A级	★★★	—	轻质低温绝热材料技术	材料、结构及制造技术领域
		—	地外天体特殊环境的高防尘材料技术	材料、结构及制造技术领域
		—	大型箭体制造技术	材料、结构及制造技术领域
		—	大推力液体火箭发动机技术	动力与能源技术领域
		—	先进低温推进技术	动力与能源技术领域
		—	深度变推力发动机技术	动力与能源技术领域
		—	核电源技术	动力与能源技术领域
		—	核推进技术	动力与能源技术领域
		—	燃料电池技术	动力与能源技术领域
		空间重力生物学研究	—	空间生命科学
		空间辐射生物学研究	—	空间生命科学
		空间生命生态支持系统的基础生物学研究	—	空间生命科学
		航天员健康风险与预防措施	—	航天医学
		长期飞行行为与心理健康研究	—	航天医学
		—	行星表面推进剂获取与制备技术	原位资源利用技术领域
		—	消耗品的提取与利用技术	原位资源利用技术领域
		—	智能机器人及自主控制技术	人机联合作业技术领域
		—	先进人机交互技术	人机联合作业技术领域
B级	★★	—	行星表面基地设计技术	载人飞行器总体技术领域
		—	行星表面基地建造技术	载人飞行器总体技术领域
		—	系统可维修性设计技术	载人飞行器总体技术领域
		—	航天员参与的维修操作技术	载人飞行器总体技术领域
		—	基地全周期高可靠结构维护技术	载人飞行器总体技术领域
		—	行星表面复合型除尘技术	载人飞行器总体技术领域
		—	能源系统健康监测及智能处理技术	动力与能源技术领域
		—	大规模热量传输技术	空间热物理技术领域
		—	高效热量排散技术	空间热物理技术领域
		—	非密封载人行星车辆技术	人机联合作业技术领域
		—	密封增压式载人行星车技术	人机联合作业技术领域
		—	先进舱外服技术	人机联合作业技术领域
		—	行星表面能量的利用技术	原位资源利用技术领域
		—	行星表面原位制造技术	原位资源利用技术领域

续表

等级		科学项目	工程项目	科学技术领域
B级	★★	航天员参与的月球/行星地质学研究方法与设备研制	—	月球/行星科学领域
		航天员参与的月球/行星物理学研究方法与设备研制	—	月球/行星科学领域
		航天员参与的月球/行星化学研究方法与设备研制	—	月球/行星科学领域
		—	植物栽培技术	载人环境与生命保障科学与技术领域
		—	动物饲养技术	载人环境与生命保障科学与技术领域
		—	废物处理技术	载人环境与生命保障科学与技术领域
		—	生命保障系统集成技术	载人环境与生命保障科学与技术领域
		空间微生物学研究	—	空间生命科学领域
		变重力效应防护技术	—	航天医学领域
		辐射风险评估技术	—	航天医学领域
		辐射监测与防护技术	—	航天医学领域
		航天员健康监测技术	—	航天医学领域
		航天员心理健康监测与维护技术	—	航天医学领域
C级	★	—	高速进入/再入返回气动设计及试验技术	载人飞行器总体技术领域
		—	地外星体表面载人飞行器技术	载人飞行器总体技术领域
		—	返回样本隔离存储技术	载人飞行器总体技术领域
		—	大承载群伞技术	回收着陆技术
		—	可控翼伞技术	回收着陆技术
		—	无线能量传输技术	动力与能源技术领域
		—	高精度高安全要求的EDL&A阶段GNC技术	制导、导航与控制技术领域
		—	环热电一体化技术	空间热物理技术领域
		—	气囊设计与制造技术	材料、结构及制造技术领域
		—	机械外骨骼技术	人机联合作业技术领域
		—	飞行器灭菌处理与生物净化技术	空间生命科学领域
		人工重力生成与评价技术	—	航天医学领域
		长期飞行任务中的伦理学	—	哲学领域

第三节 优先发展的科学技术领域和重点方向

根据遴选的结果，可以确定载人深空探测领域应优先发展的科学技术领域包括空间生命科学、航天医学、动力与能源工程技术、材料结构及制造技术、原位资源利用技术及人机联合作业技术。其中空间生命科学和航天医学属于应优先发展的科学领域，动力与能源工程技术、材料结构及制造技术属于应优先发展的工程基础技术领域，原位资源利用技术及人机联合作业技术属于应优先发展的有可能带来颠覆性、变革性的技术领域。

一、空间生命科学

（一）发展目标

未来 30 年我国空间生命科学的发展目标是：经过 10～30 年的努力，使我国空间生命科学整体跨上新台阶，进入世界先进行列；努力在若干重点领域取得有重大影响的领先科学发现和突出成就；使我国在国际空间生命科学领域有突出地位和重大影响。2025 年前，在空间基础生物学领域，在空间（微重力、辐射和磁场等）环境对地球生命体生理稳态的影响规律及其机理研究领域取得一些重要成果；在空间生物技术和转化应用领域，在受控生态生命支持系统基础研究等方面获得重要进展和地面转化研究成果。2035 年前，关于在空间重力生物学、空间辐射生物学、空间生命生态支持系统的基础生物学方面的研究进一步深入，支撑载人月球基地任务需求。2045 年，在空间环境生物学效应及其机理方面取得较大突破，为空间环境效应的生物对抗措施的开发提供有力支撑，保证载人小行星探测、火星探测任务顺利实施。

（二）重点研究方向

载人深空探测任务应以保障人员生存及健康为第一要务，空间生命科学是围绕人类进入空间后的健康和工效为目标，解决航天员在空间环境下长期生存、保持工作能力等一系列问题的重要基础科学，不解决空间生命科学问题，则制约载人深空探测任务的实施。

1. 空间重力生物学

空间重力生物学是空间生物科学的重要分支，结合载人深空探测任务，应重点针对长期失重生理效应变化特征、生理系统的协同调控作用、空间环境对干细胞的影响、重力适应与调控模式、人体指标与失重生理效应关系等内容展开研究。其主要研究方向包括以下内容。

（1）长期失重生理效应变化特征：从动态负荷刺激条件下捕获各系统长期失重生理效应的变化特征，通过动、静态生理效应研究相结合，生理学与体液生化学研究相结合，整合生理与系统生物学机制研究相结合，实现长期失重生理效应研究的多维度融合，揭示其本质规律。

（2）生理系统的协同调控作用：重点是失重条件下空间骨丢失与糖脂代谢的关系、骨骼和免疫功能变化之间的关联、微重力对生殖的影响。

（3）空间环境对干细胞的影响分析：研究空间环境对干细胞自我更新、分化潜能及定向分化能力的影响机制、干细胞在骨质疏松和肌肉萎缩发病中的作用机理及关键信号分子调控规律等。

（4）重力适应与调控模式：研究基于细胞分子水平的重力适应与调控模式，失重条件下基因组、蛋白质组、代谢组的变化规律，寻找失重生理效应防护靶点。

（5）人体指标与失重生理效应关系：研究体液生化指标、基因组、代谢组等与失重生理效应的关系，筛选预测各功能组织结构与功能变化易感性的特异指标。

2. 空间辐射生物学

空间辐射风险依然存在较大的不确定性。以前的大量研究，主要依靠地基模拟辐照，但推演的结果还是远达不到辐射预警的要求，再加上不同的生物个体由于其遗传学背景不同，因此为选拔适合深空飞行的航天员，降低辐射风险和实施有效生物医学和营养对策，需要对辐射的生物机理进行深入研究。空间辐射生物学是一门科学理论，主要研究空间辐射环境引起的生物体损伤、遗传变异机制等问题，为载人深空探测辐射评估与防护提供理论基础。其主要研究方向包括以下内容。

（1）空间辐射损伤机制和损伤分子标志物：进行空间辐射急慢性评估、辐射损伤的遗传学和表观遗传学基础研究，挖掘辐射损伤生物标志物，进而为辐射损伤预警及辐射防护提供实时现场监测靶分子。

（2）空间辐射生物学评估模型：研究空间辐射和生物学改变的系统生物学数据，建立分析高复杂度、多维数据库，建立高效的数据评估模型，建立空间辐射损伤和辐射环境的关联数据。

（3）空间辐射生物物理模型：着重研究空间重离子辐射生物学效应与监测分子标志物变化关联，通过建立生物物理模型，健全空间辐射评估体系，降低辐射风险不确定性。

（4）空间辐射损伤防护效应：分析不同防护材料对生物防护的效能，建立辐射生物学防护的生物物理模型，为物理防护提供评价和效能评估体系。

3. 空间生命生态支持系统的基础生物学

空间生命生态支持系统的基础生物学研究主要包括构建生命支持系统的理论基础和模拟模式，组成系统的生物种类筛选、组合，系统的调控和优化等。其主要研究方向包括以下内容。

（1）构建生命支持系统的理论基础和模拟模式：开展构建生命支持系统的理论基础和模拟模式的研究，主要包括地外环境条件下的生态系统自组织原理、系统构建的拓殖与演化途径、系统维持的稳态理论等。

（2）生物种类筛选与组合：开展生物种类筛选与组合研究，从科学的角度分析生物之间的物质流动和能量代谢关系，为生命生态系统的构建提供理论基础。

（3）生命支持系统的调控和优化：基于基础生物学基础，对生命生态系统的调控与优化方法进行研究，实现藻类、植物、动物等生态单元的协调稳定和可持续运行。

二、航天医学

（一）发展目标

以近地载人空间站为基础，建成完整的航天医学研究空间实验平台和支持体系，在更好地保障地球轨道中长期空间飞行中人的健康的基础上，为月球、火星以及星际空间载人探索提供研究基础。2025 年前，建成航天员中长期（180 天以上）飞行的生命保障和健康支持体系，获得中国航天员系统性的空间中长期驻留健康数据，发展中长期空间飞行健康问题和对策研究，开展远程医监和医疗。2035 年前，在长期飞行行为与心理健康研究方向取得一些重要成果，为载人月球基地任务中人员心理健康维护提供支撑。2045年前，对辐射、变重力、疾病等因素造成的健康风险及其病理问题取得较大突破，开发全面有效的长期飞行医学对抗措施，支撑载人小行星探测、火星探测任务实施。

（二）重点研究方向

载人深空探测是以人为核心的航天任务，人的存在则首先必须保证人员的健康问题。载人深空探测任务包括长期深空飞行任务和地外天体长期驻留任务，航天员的健康问题非常突出，航天员的健康包括生理健康和心理健康两个方面，如果要顺利实施载人深空探测任务，则必须要解决与人有关的医学问题。

1. 航天员健康风险与预防措施

针对载人深空探测任务，必须确认长期飞行的健康风险。研究长期飞行中人类所能承受的辐射积累的最大极限以及辐射对生理、病理及遗传的影响；研究长期飞行中和返回后骨丢失的持续恶化问题及由其诱发的其他病理问题，以及长期飞行中心血管功能的适应性和可能出现的最大严重程度；研究长期飞行中由于高应激、微生物变异、免疫功能下降导致感染疾病的风险。

2. 长期飞行医学对抗措施研究

针对中长期的航天环境影响，探索利用药物、物理等措施治疗和防护航天员生理、病理变化及相应的治疗和对抗措施，研究疾病的有效疗法。辐射效应对抗方面，对质子、重离子、γ射线和X射线均有较好的防护效果，毒副作用低的辐射防护剂研究是当前研究的重点；失重效应对抗方面，在传统防护措施研究的基础上，更应关注多生理系统、多因素及其他生理失调对抗措施之间的相互影响和关系，研究综合性与针对性相结合的防护技术。此外，中西医结合和物理方法是中国的特有措施，中医药的航天应用是我国航天医学发展的一个重要方向。

3. 长期飞行行为与心理健康

长期飞行行为与心理健康研究是长期载人深空探测任务不可忽视的科学性问题，应重点围绕心理学所包含的科学问题展开深入研究。

（1）深空探测个体心理问题研究。研究长期飞行中影响航天员飞行中相容性、能力、满意度及工作效率的心理特征及其变化规律，多种复杂的行为因素如何影响个体的行为。

（2）深空探测人际关系问题研究。研究乘组成员之间的关系、个人与集体之间的关系、乘组人员与地面保障人员之间的关系等。

（3）深空探测社会心理学问题研究。研究种族、文化以及其他社会因素对小集体及个体的影响，多重文化差别对航天员心理及行为的影响，混合性别因素对长期飞行小群体的社会心理学影响等。

三、动力与能源工程技术

（一）发展目标

以进入空间和登陆地外天体为目标，大力发展我国运载火箭和载人飞行器能源与动力技术，开展关键技术攻关。重点突破重型运载火箭大推力发动机研制及制造技术、登月飞行器变推力发动机技术、低温推进贮存与管理技术、先进空间低温发动机技术，优先满足载人登月任务需求。

（二）重点研究方向

重型运载火箭和载人飞行器是实施载人深空探测任务的关键载体，其中的核心问题是动力与能源问题。以大推力液体火箭发动机为代表，是制约航天技术取得突破性进展的瓶颈因素。

1. 大推力液体火箭发动机技术

大推力液体火箭发动机技术作为运载火箭的关键技术，需要开展优先研究，以支撑载人深空探测任务的顺利实施，主要包括大推力液氧煤油火箭发动机技术和大推力液氢液氧火箭发动机技术。其主要研究方向包括以下内容。

（1）大推力液氧煤油火箭发动机技术。大推力液氧煤油火箭发动机比冲高、使用成本低、无毒环保，是运载火箭助推级和一级的最佳动力选择。大推力液氧煤油火箭发动机需要重点突破的技术难点包括推力液体火箭发动机分级启动技术；高温高压富氧燃气摇摆软管技术；高效、稳定、长寿命推力室技术；大功率、高效涡轮泵技术；高精度、大范围流量调节器技术；大推力液氧煤油发动机制造与试验技术。

（2）大推力液氢液氧火箭发动机技术。液氢液氧发动机比冲高、燃烧性能好、无毒环保，适应于运载火箭的二级、上面级以及长时间高空工作的一级。大推力液氢液氧火箭发动机需要重点攻克的技术难点包括大推力发动机高空点火与启动技术；发动机结构动力学优化技术；大热流、高效、稳定燃烧推力室技术；低温、高效、高抗汽蚀涡轮泵技术；大推力液氢液氧发动机制造技术。

2. 先进低温推进技术

先进低温推进系统由于比冲高、大推力、无污染等优点，一直被认为是载人深空探测任务推进系统设计的重要技术途径。低温推进技术重点研究低温推进剂的存储，低温贮箱设计与制造、推进剂增压输送等关键问题。其主要研究方向包括以下内容。

（1）低温推进剂的存储技术。低温推进剂的存储技术是实现长期在轨使用的关键技术，重点应攻克变密度多层隔热材料的研制、贮箱连接隔热技术、推进剂热分层抑制技术、低温贮箱压力控制技术、长时间空间辐照和温度环境的模拟技术、重力环境对蒸发量控制模拟试验影响的处理和评估技术等。

（2）低温贮箱设计与制造技术。低温贮箱是存储低温推进剂的容器，对于低温贮箱设计与制造技术的研究，重点应包括低温贮箱热力学参数数值模拟分析、大型低温贮箱壳体的设计与加工、低温贮箱高效热防护结构设计与安装、推进剂管理装置的设计与加工等关键技术。

（3）推进剂增压输送技术。推进剂增压输送技术应重点研究增压输送系统方案设计、开展仿真计算和地面试验，以满足推进系统的设计要求。

3. 深度变推力发动机技术

深度变推力发动机技术需要解决喷注器燃烧稳定和燃烧室身部传热等关键技术。其主要研究方向包括以下内容。

（1）喷注器燃烧稳定技术。开展维持喷注器燃烧稳定技术的研究，控制液态推进剂喷嘴在低工况流量下的压降，使其具有合理的喷注压降比，确保喷注器能够高效、稳定的燃烧。

（2）燃烧室身部传热技术。身部传热的研究主要存在理论计算和缩比传热试验两种技术途径。理论计算主要解决传热结构的初步设计，缩比传热试验主要研究亚临界、跨临界及超临界下的单相或两相换热性能，获得各工况下的温升、压降和壁温，评估再生冷却结构在深度推力调节范围内的换热能力。

（3）燃料电池技术。燃料电池的发电效率大于传统的太阳能发电，更适合作为载人航天大功率、长寿命和高可靠性的宇航电源系统的重要备选，主要包括燃料电池堆技术、燃料电池系统集成及控制技术。燃料电池热管理技术、水管理技术、燃料电池电源多参数协同优化控制技术。

（4）核推进技术。核热推进技术易于实现大推力星级推进、重点需研究反应堆技术、热工流体及换热技术、核热发动机试验技术、高温涡轮技术、核推进防护技术。

（5）核电源技术。核电源主要可为载人深空探测提供大功率的空间电源，主要包括发射极和集电极制造技术、核辐射安全技术、电功率的控制技术及空间辐射散热的强化技术等。

四、材料、结构及制造技术

（一）发展目标

围绕我国运载火箭和载人飞行器设计与研制，以载人深空探测任务为牵引，重点开展材料、结构及制造技术领域的研究，2020 年前突破大型箭体结构制造技术，突破大承载高效着陆缓冲吸能材料、新型轻质热防护结构及材料、地外天体特殊环境的高防尘材料等关键工程技术的基础理论研究和材料制备；满足载人登月任务实施要求；2030 年前，研究长期驻留任务中的月尘防护机理，突破地外天体特殊环境的高防尘材料技术，满足月球基地任务实施需求；2040 年前，面向火星探测任务，深入研究火星着陆缓冲机理，研究面向火星着陆的大承载高效着陆缓冲吸能材料，深入研究火星尘土的特性和防护方法，研究突破火星环境高防尘材料技术，满足载人小行星、火星探测任务的实施要求。

（二）重点研究方向

材料、结构及制造技术是载人航天器和运载火箭研制的基础支撑，载人深空探测任务对缓冲材料、热防护材料、低温绝热材料、防尘材料等提出了更高的要求，同时对 8～10 米直径的大型箭体制造技术提出了要求。

1. 大承载高效着陆缓冲吸能材料及结构

大承载高效着陆缓冲吸能材料是解决地外天体安全可靠稳定着陆的关

键，TWIP 钢作为大承载高效着陆缓冲吸能主要选择的材料，应对 TWIP 钢制备方法、材料微细观组织与宏观性能及设计方法等基础问题的深入研究，在基础科学问题和关键方法上实现新突破，为进一步优化和提高 TWIP 钢性能和制备方法奠定基础，为未来飞行器缓冲系统设计提供理论依据和材料技术支撑。其主要研究方向包括以下内容。

（1）TWIP 钢凝固特性及凝固组织形成规律。研究材料冶炼和凝固过程中冶金缺陷的形成、运动及分布规律，凝固组织对合金组成及凝固条件（温度梯度、凝固方式、凝固速率）的依赖关系，枝晶形貌与生长；晶界夹杂物相组成与分布；成分偏析规律，微观组织（晶体尺寸、取向）与力学性能的内在联系及相关机制。

（2）塑性变形与组织结构的相关性。研究塑性变形方式对再结晶晶粒形貌、取向、尺寸以及微观缺陷组态、数量与分布的影响，再结晶过程中晶粒演化规律及机制，晶体组织在热加工（塑性加工、热处理）过程中的演变规律及其机制，晶体缺陷（退火及变形孪晶、位错、晶界）。

（3）变形过程中的交互作用规律及其在材料力学响应行为。研究拉伸变形过程中，晶体缺陷及非金属夹杂物的演变，各种缺陷之间的交互作用规律、机制及其在材料宏观响应行为上的反映，尤其关注晶界对孪晶和位错形成与运动的影响；本构行为对环境（温度变化）、加载条件（加载方式和速率）的依赖性，加工硬化产生的微观过程与机制；材料组织、性能一体化设计与优化理论和技术基础构建。

2. 新型轻质热防护材料及结构

针对高速再入过程的热防护问题，以超轻质、低热导率、耐高温型特种材料为研究对象，为我国新型载人深空探测飞行器的超轻质、高性能防隔热系统的应用研究提供强有力的技术支持和理论储备。其主要研究方向包括以下内容。

（1）碳纤维网络骨架体系设计和材料优化。根据飞行器对轻质耐烧蚀复合材料的技术需求，从热导率、密度、烧蚀率、热膨胀等材料指标出发，有针对性地选择热导率较低的陶瓷纤维或碳纤维，添加有效的黏结剂，促进纤维骨架交叉处的结合性能，为固化后的纤维网络骨架提高黏结强度和刚度；同时为了促进纤维在水基浆料中的分散和悬浮，选择均匀有效的分散剂和絮凝剂，获得高分散、高絮凝的混合纤维浆料优化方案，通过浆料压力成型和热处理获得不同密度的短切纤维网络骨架复合材料，探索并确定优化的制备路线。

（2）纳米孔酚醛树脂复合短切碳纤维骨架材料的合成和机理。研究纳米孔酚醛树脂的合成和控制机理，重点以异丙醇为溶剂、间苯二酚和糠醛为主要原材料，重点研究多元混合物溶胶中组分配比对有机酚醛凝胶合成的影响规律；研究有机酚醛溶胶和凝胶化过程的形成机理；混合物溶胶与短切纤维骨架的界面结合、润湿和包覆；研究有机酚醛凝胶干燥过程的液体挥发、组织形貌和孔结构变化规律。获得间苯二酚和糠醛的化学计量摩尔比对生成竹节结构和珍珠项链结构酚醛网络的影响规律和机制，获得混合物溶液中的反应物浓度对酚醛树脂凝胶的微观结构、分子交联链和比表面积的影响特性，研究加热速率、时间、温度对最终纳米孔酚醛树脂组织形貌、界面结合和微结构的影响规律。

（3）纤维增强纳米孔酚醛树脂复合组织结构和材料性能控制。短切纤维增强纳米孔酚醛树脂复合材料结构和性能的表征和评价，包括复合材料的密度、孔隙率、孔径大小及组织分布、力学性能（如抗压强度、抗拉强度和损伤破坏模式）、热学性能（如导热系数、热膨胀系数、热稳定性等）综合性能的测试和评价，研究不同碳纤维骨架密度条件下复合材料的力学性能、热性能与材料体系、技术参数之间的关系，揭示复合材料微结构和性能之间的关系。

（4）纤维增强纳米孔酚醛树脂复合材料的烧蚀行为和机理。研究表面加热过程短切纤维增强纳米孔酚醛树脂复合材料的不同位置处的温度随时间的变化规律，获得复合材料在加热过程内部的热传递（辐射、对流和传导）规律，研究不同温度和压力情况下复合材料表层、亚表层及内部组织形貌演化特性。研究纳米孔酚醛树脂在加热过程中的热分解、裂解和碳化过程，获得从表面到内部不同位置处组织演变和温度的对应关系，深入研究并获得短切纤维增强纳米孔酚醛树脂复合材料的烧蚀和响应机理。

3. 轻质低温绝热材料

轻质低温绝热材料是解决低温推进系统向实用化发展的关键，以复合材料为研究对象展开研究，为未来载人飞行器用复合材料低温贮箱的研制提供技术支撑。其主要研究方向包括以下内容。

（1）低温环境下复合材料性能演化规律与失效机理。表征低温环境下复合材料的基本力学性能，掌握复合材料低温力学性能数据，建立低温环境下复合材料的本构关系，系统研究低温环境下复合材料的力学性能演化规律，深入分析低温环境下碳纤维复合材料多尺度界面的热匹配控制与载荷传递机制，揭示复合材料的热疲劳损伤机理。

（2）轻量化高强绝热系统设计与复杂热环境下的传热机理。重点建立真空夹层多层绝热结构热传导理论模型，揭示辐射换热、气体导热和固体导热的热传导机制，开展以绝热效率为主控因素的轻量化高强绝热材料设计。同时，分析真空、负压、热载荷等复杂外场作用下真空夹层多层绝热结构的力学响应特性，研究真空夹层多层绝热结构与复合材料结构的匹配控制方法，建立一体化真空夹层多层绝热结构/复合材料结构的热考评试验方法。

（3）低温环境下复合系统的渗漏机制与阻隔机理研究。深入分析低温环境下复合材料结构微裂纹产生的影响因素，揭示低温环境下复合材料结构微裂纹的演变机制与渗漏通道的形成原理。系统研究低温环境下复合材料的渗漏表征与评价方法，建立材料、铺层结构、载荷工况、微裂纹密度等参数与渗漏性能的关联。

4. 地外天体特殊环境的高防尘材料及除尘设备

开展地外天体探测，尘土防护是必须要关注的问题，对防尘材料的研究应以月球和火星为主要目标，展开机理研究。其主要研究方向包括以下内容。

（1）器件表面自清洁抗污染表界面系统。基于星体表面特殊的环境，采用喷涂、化学/离子束刻蚀、磁控溅射等技术，将透明导电薄膜融入功能器件表面；研究导电薄膜的最佳织构化方式（如直接织构化、间接织构化），并重点研究织构化参数对其表面月尘颗粒黏附性能的影响；考察不同掺杂元素对导电薄膜表面电阻率的影响，获得具有最佳导电性能的几种透明导电材料；阐明织构化多层除静电复合薄膜系统的防尘、除尘机理及物理模型，为空间环境中功能表面长寿命、可靠稳定工作提供技术途径。

（2）复合体系在多因素耦合环境下自清洁防尘机制。研究功能器件表面复合防尘自清洁薄膜防/除尘机理；研究机械部件表面复合防尘薄膜在月尘高接触应力下的自适应机制，从理论上揭示特定环境下薄膜自适应与低环境敏感性行为的形成机理；通过建立数学模型，引入界面系统的能量耗散来研究高真空沙尘环境下防尘薄膜体系的损伤规律和失效机理，最终建立起尘土耦合环境下的自适应防尘薄膜；考察织构化多层除静电复合薄膜在尘土环境中的防尘、除尘率，并结合功能表面性能要求对其在空间耦合环境中的光、热、电性能进行研究，建立真空辐照环境中表面防尘材料设计理论。

（3）基于抗静电流体的尘土易清除表界面构筑。通过模拟荷叶效应，研究透明、低表面能涂层的组成、成膜性、持久性及非挥发性流体的制备与表面浸润性。

（4）地外星体主动除尘设备。以高防尘材料为基础，研究基于高防尘材料的主动除尘机理和结构，研制地外星体主动除尘设备。

5. 大型箭体制造技术

大型火箭箭体结构制造技术的主要研究方向包括以下内容。

（1）大型金属结构件加工成型技术。研究铆接壳段壁板、型材框、钣材框大型金属结构件的加工成型工艺，发展无污染、低成本、高效率的大型金属结构件加工成型技术。

（2）大型结构件装配工艺技术。研究大型结构件先进装配工艺技术和先进装配设备，满足大型结构件的装配要求。

（3）贮箱大型结构焊接技术。突破大直径厚截面铝合金过渡环结构焊接技术，研究搅拌摩擦焊接新工艺，在自适应搅拌摩擦焊接、增强型机器人搅拌摩擦焊接等技术和装备方面取得突破。

（4）大型贮箱制造技术。开展贮箱大型结构可制造性研究，突破大型铝合金复杂结构成型制造技术。

五、原位资源利用技术

（一）发展目标

原位资源利用技术是一项十分前沿的技术，是实施月球基地、火星基地为任务的关键瓶颈技术，这项技术有可能颠覆以往的认识。在 2030 年前，以无人和载人探测任务获取地外星体物质组成数据为基础，开展原位资源利用原理性研究，通过地面试验验证技术可行性；2040 年前，突破消耗品的提取与利用技术，在月球基地及后续任务中形成应用；2050 年前，突破行星表面推进剂提取技术，在火星任务以及后续任务中形成应用。

（二）重点研究方向

原位资源利用技术（In-Situ Resource Utilization，ISRU）是一项颠覆性新兴技术，将显著降低载人深空探测任务模式，降低任务成本和难度，属于优先发展的关键技术。

1. 行星表面推进剂获取及制备技术

行星表面推进剂获取及制备是利用行星原位资源制造推进剂的重要技术。无人月球、火星等探测任务表明，月球富含氢资源、火星富含氢、甲烷等资源，因此对于行星表面推进剂获取及制备，应重点发展氢和甲烷资源的获取及制备技术。其主要研究方向包括以下内容。

（1）氢资源的获取及制备技术。充分分析月球、火星等星体富含氢元素的矿物成分，研究不同矿物组成条件下的氢元素提炼基本原理和实施方法，结合工程实际，开展地外星体环境下氢元素提取设备的研制，奠定氢资源的原位提取技术和工程基础。

（2）甲烷资源的获取及制备技术。充分分析火星大气组成，研究从火星大气中分离提取甲烷的基本原理和实施方法，结合工程实际，开展火星大气环境下甲烷的分离提取设备的研制，奠定甲烷资源的原位提取技术和工程基础。

2. 消耗品的提取与利用技术

根据人类生存的需要，地外天体长期驻留生存任务主要的消耗品是食品、水和氧气，因此利用地外天体原位资源进行消耗品的制造，应重点面向水资源和氧资源开展先期研究。其主要研究方向包括以下内容。

（1）水资源的提取与利用技术。以月球、火星上富含氧元素和氢元素的资源为对象，深入研究水资源的制备原理和方法，并开展地外天体环境下水资源制备设备的研制。

（2）氧资源的提取与利用技术。分析月球、火星等矿物中氧化物的组成成分，研究氧的化学、电化学或热萃取等提炼制备原理和方法，氧的分离、处理和储存方法以及反应物的再循环方法，并开展地外天体环境下氧资源制备设备的研制。

六、人机联合作业技术

（一）发展目标

人机联合作业技术领域优先发展智能机器人与自主控制技术以及先进的人机交互技术，在 2030 年前，瞄准空间智能机器人系统对各类操作任务的需求，有计划地推进产品向高度集成、轻量化、灵活、高效率等方向发展，具备通过无人任务实施地外天体实地探测的能力，研究先进人机交互技术理论，开展地面试验，提高技术成熟度，奠定载人深空探测的技术基础；2040年前，围绕地外空间移动机器人、腿式行走机器人、外骨骼机器人、仿人机器人为代表的空间智能机器人系统对工作环境及目标测量、分析和建模的需求，开展语言智能感知、视觉感知与测量、力觉感知与测量、触觉感知与测量、多传感器融合、行走规划与智能控制等关键技术的攻关以及系统集成与应用，掌握核心技术；突破全方位信息显示技术、语音交互技术，具备月球基地、小行星探测任务的应用技术能力；2050 年前，多维度发展机器人智能化技术，建设以多功能、智能化、灵巧型为标志性能力的智能机器人系统；突破脑-机接口技术，建立全新的人机联合作业模式，形成具备小行星、火星探测的技术和工程应用能力。

（二）重点研究方向

对于载人深空探测任务，以无人为先导，以有人为目标，无人与有人融合发展是必然的选择，人机联合作业是重要的实现模式，人机联合作业可以充分发挥人和机器（机器人、车辆和作业设备）各自的优势，以人为主，机器辅助人类航天员完成各类复杂的地外天体探测作业任务，是未来有人参与深空探测的重要特征。

1. 智能机器人与自主控制技术

智能机器人与自主控制技术重点研究高集成度灵活末端操作技术、图灵智能感知机器人技术、“类脑”智能机器人技术、深空探测医疗康复机器人技术等。其主要研究方向包括以下内容。

（1）高度灵活末端操作技术。机器人的作业多依靠于末端执行机构的支持，末端执行机构的研究重点包括轻量化高集成度关节技术、多指灵巧手技术及多功能末端操作工具技术等。

（2）图灵智能感知机器人技术。针对图灵智能机器人技术，主要在智能机器人系统感知与测量技术领域开展研究，重点包括语音智能感知技术、视觉感知与测量技术、力觉/触觉感知与测量技术、多传感器融合技术等专业技术。

（3）“类脑”智能机器人技术。“类脑”智能机器人主要研究人脑认知和人工智能领域的相关问题，重点研究内容应包括人脑神经的运作机理，“类脑”机器人神经启发式模型，“类脑”机器人泛化学习技术以及基于神经模型的机器人高精度控制技术等。

（4）深空探测医疗康复机器人技术。深空探测医疗康复机器人技术是集医学、生物力学、机械学、机械力学、材料学、计算机图形学、计算机视觉、数学分析、机器人等诸多学科为一体的新型交叉研究领域，是执行载人深空探测任务的研究热点。其主要研究内容包括医疗康复机器人优化设计技术（包括机构、控制、传感、人机交互、遥操作和材料等，要实现轻型化，精密灵巧机器人机构创新设计）、系统集成技术（强调人机功效学，“医生—机器人—患者”三者的共融）、远程手术技术、手术导航技术、软体机器人技术、辅助介入治疗技术、医疗与互联网大数据融合以及适应深空探测舱内环境的医疗机器人制造技术等。

2. 先进人机交互技术

先进人机交互技术是未来载人深空探测实现人与机器人顺畅沟通的核心技术，是人与机器人沟通的桥梁，面向未来载人深空探测，重点应研究全方位信息显示技术、先进语音交互技术以及脑-机接口技术。其主要研究方向包括以下内容。

（1）全方位信息显示技术。全三维的信息技术是未来发展的一个重要方向，且三维信息更加直观，所附带的各种属性信息越来越多，可操作性越来越强，交互维度满足视、听、说、触、嗅等多个方面。因此，应重点发展以虚拟现实技术、全息成像技术等高端数字化技术为代表的全方位信息显示技术，建立全新的人机交互模式。

（2）先进语音交互技术。载人深空探测任务，语音交互是一种快速便捷的交互方法，先进语音交互技术应满足深空特殊环境下的使用要求，重点从噪声环境下的语音信号识别与提取、语音信号的智能处理等方面进行深入研究。

（3）脑-机接口技术。脑-机接口技术是人机交互的一种高端形式，目前技术发展还处于初级阶段，面向未来载人深空探测任务的应用，应重点研究高精度脑电信号获取技术、高稳定脑-机接口信息传输技术以及多维度信息反馈技术等，着重开展非植入式自发脑-机接口技术的研究。

第四节　优先发展领域的技术发展路线图

按照任务牵引和技术推动的原则，载人深空探测任务设想可在 2030 年前后实施载人月球探测任务、2040 年前后实施载人月球基地任务、2050 年前实施载人小行星、火星探测任务，逐步突破载人深空探测领域的各项科学技术的研究和发展。载人深空探测任务中这 6 个优先发展领域的科学技术项目发展路线如图 4-3 所示。

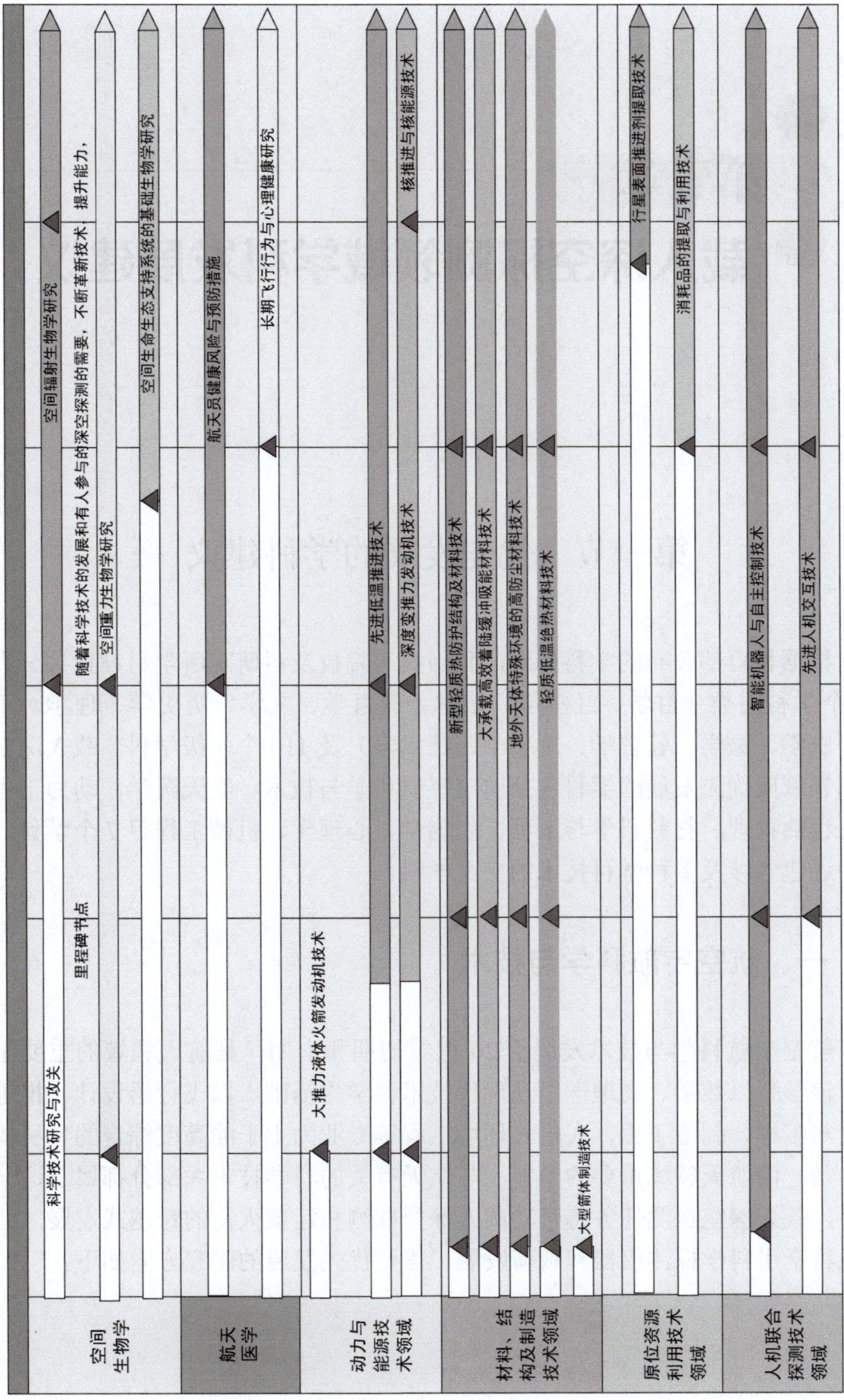

图4-3 载人深空探测任务中优先发展领域的科学技术项目发展路线图

第五章 载人深空探测领域学科发展建议

第一节 优先发展的学科建议

根据教育部公布的学科目录，我国高等院校及科研院所学科设置共分为13个学科门类（哲学、经济学、法学、教育学、文学、历史学、理学、工学、农学、医学、管理学、军事学、艺术学）及110个一级学科。载人深空探测领域应优先发展的学科包括航空宇航科学与技术、航天医学、动力工程与工程热物理、材料科学与工程、生物学、心理学、机械工程等7个学科，此外还包含涉及多种学科技术的交叉学科。

一、航空宇航科学与技术

航空宇航科学与技术发展于20世纪初期和中期，是航天领域的重要学科，该学科以数学、物理学以及现代技术科学为基础，以飞行器设计、推进理论与工程、制造工程、人机与环境工程等专业为主干的高度综合的学科体系，是一门航天领域重要的学科。与航天有关的科学技术大部分都属于这一学科，载人深空探测任务将带动载人深空探测和运载火箭的跨越式发展，此外还将牵引科学探测仪器和载荷发展，需要优先发展的研究方向如下。

1. 载人深空探测任务总体设计

（1）载人深空探测任务分析与设计。
（2）载人深空探测轨道设计。
（3）月球/火星基地设计与建造技术。
（4）飞行器气动设计与试验技术。
（5）飞行器可维修性设计技术。
（6）飞行器高效能源系统设计技术。

2. 推进理论与推进系统设计

（1）核推进系统理论与方案设计。
（2）载人深空探测低温推进系统方案设计。
（3）大推力液体火箭发动机设计与优化技术。
（4）大推力液体火箭发动机制造与试验技术。

3. 载人深空探测人机环境工程

（1）深空环境下的植物栽培技术。
（2）深空环境下的动物饲养技术。
（3）深空环境下的废物处理技术。
（4）生命保障系统集成技术。

二、航天医学

特种医学是隶属于医学门类的一级学科，是运用医学科学的基本原理和技术方法以及自然科学相关理论实践知识，研究在特殊环境条件下涉及的各种特种医学问题，包括航空与航天医学、航海与潜水医学、放射与辐射医学、运动医学等研究方向。针对载人深空探测任务，应重点发展航天医学方向。航天医学，又称宇宙医学，是发展载人航天事业的重要学科之一，从医学分类上说，是一门特殊的环境医学，是由于载人航天的科学实践需要，在航空医学的基础上发展起来的，涉及所有的医学专业，包括基础医学研究和临床各科，无论是治病、防病、保健和康复，还是挖掘人体的潜能都与航天医学有关。航天医学的研究对象不是病人，而是健康人，目的是使人体在特殊环境中能适应、能耐受、能完成航天的特殊任务。载人深空探测优先发展的技术中长期飞行生理医学属于特种医学的研究范畴，特种医学也是支撑载人航天长远发展，与人息息相关的重要学科，因此航天医学应作为一门优先发展的学科率先展开研究。结合优先发展的科学技术领域，航天医学学科的主要研究方向包括以下内容。

1. 航天员健康风险与预防措施

（1）长期飞行中人类所能承受的辐射积累的最大极限以及辐射对生理、病理及遗传的影响；

（2）长期飞行中和返回后骨丢失的持续恶化问题及由其诱发的其他病理问题；

（3）长期飞行中心血管功能的适应性和可能出现的最大严重程度的损伤问题；

（4）长期飞行中由于高应激、微生物变异、免疫功能下降导致感染疾病的风险。

2. 长期飞行医学对抗措施研究

针对中长期的航天环境影响，探索利用药物、物理等措施治疗和防护航天员生理、病理变化及相应的治疗和对抗措施，研究疾病的有效疗法，主要研究方向包括以下内容。

（1）辐射效应对抗方面，对质子、重离子、γ射线和X射线的辐射防护剂研究；

（2）失重效应对抗方面，多生理系统、多因素及其他生理失调对抗措施之间的相互影响和关系，研究综合性与针对性相结合的防护技术；

（3）中西医结合和物理方法是中国的特有措施，中医药的航天应用是我国航天医学发展的一个重要方向。

三、动力工程与工程热物理

动力工程与工程热物理是研究热力循环理论与系统仿真、热流体力学与叶轮机械、动力总成与控制、能源利用、低温系统流动传热、多相流体热物理的一门综合学科，包括工程热物理、热能工程、动力机械工程、流体机械工程、制冷与低温工程、化工过程机械等多个二级学科，该学科注重与化工、生物、信息、环境等学科的交叉与结合，在载人深空探测领域发挥着重要的作用。载人深空探测优先发展的大推力液体火箭发动机技术、先进低温推进技术、深度变推力发动机技术等均属于这一学科的研究范畴，因此需要作为优先发展的重点学科进行研究和推动。结合优先发展的科学技术领域，动力工程与工程热物理学科的主要研究方向包括以下内容。

1. 大推力液体火箭发动机技术

（1）大推力液氧煤油火箭发动机技术。
（2）大推力液氢液氧火箭发动机技术。

2. 先进低温推进技术

（1）低温推进剂的存储技术。
（2）低温贮箱设计与制造技术。
（3）推进剂增压输送技术。

3. 深度变推力发动机技术

（1）喷注器燃烧稳定技术。
（2）燃烧室身部传热技术。

四、材料科学与工程

材料科学与工程是研究材料的组织结构、性质、生产流程和使用效能以及它们之间相互关系的科学，是一门与工程技术密不可分的应用科学，分为材料物理与化学、材料学、材料加工工程等二级学科。材料科学与工程是航天技术发展的基础性和先导性技术。各种新型材料技术在载人深空探测领域都发挥着重要的作用。载人深空探测需要优先发展的大承载高效着陆缓冲吸能材料、新型轻质热防护结构及材料、轻质低温绝热材料、地外天体特殊环境的高防尘材料等均属于材料科学与工程的研究范畴，都是对载人深空探测技术研究和任务实施起着至关重要作用的技术领域，因此材料科学与工程作为一门基础的、重要的学科需开展先行研究。结合优先发展的科学技术领域，材料科学与工程学科的主要研究方向包括以下内容。

1. 大承载高效着陆缓冲吸能材料及结构

（1）TWIP 钢凝固特性及凝固组织形成规律。

（2）塑性变形与组织结构的相关性。
（3）变形过程中的交互作用规律及其在材料力学中的响应行为。

2. 新型轻质热防护材料及结构

（1）碳纤维网络骨架体系设计和材料优化。
（2）纳米孔酚醛树脂复合短切碳纤维骨架材料的合成和机理。
（3）纤维增强纳米孔酚醛树脂复合组织结构和材料性能控制。
（4）纤维增强纳米孔酚醛树脂复合材料的烧蚀行为和机理。

3. 轻质低温绝热材料

（1）低温环境下复合材料性能演化规律与失效机理。
（2）轻量化高强绝热系统设计与复杂热环境下的传热机理。
（3）低温环境下复合系统的渗漏机制与阻隔机理研究。

4. 地外天体特殊环境的高防尘材料及除尘设备

（1）器件表面自清洁抗污染表界面系统。
（2）复合体系在多因素耦合环境下自清洁防尘机制。
（3）基于抗静电流体的尘土易清除表界面构筑。
（4）地外星体主动除尘设备。

五、生物学

生物学是自然科学的六大基础学科之一，主要研究的是生物的结构、功能、发生和发展的规律以及生物与周围环境的关系等的科学。生物学主要可分为细胞学、遗传学、生理学、生态学等，按类群划分还可以分为植物学、动物学、微生物学等。载人深空探测涉及空间生物科学的研究，需要优先发展空间重力生物学和空间辐射生物学以及空间生命生态支持系统的基础生物学，这三类科学技术均属于生物学学科的研究范畴，此外包括植物栽培技术、动物选育技术等生物再生式技术的研究，也属于生物学的范畴，因此生物学应作为一个重点发展的学科，支撑后续载人深空探测的长远发展。

六、心理学

心理学是一门研究人的心理现象、精神功能和行为的科学，是一门理论学科，也是一门应用学科，主要包括基础心理学和应用心理学两大领域。心理学的研究涉及知觉、认知、情绪、人格、行为、人际关系、社会关系等许多领域，与医学、生物学等科学密切相关。心理学研究的目的是描述、解释、预测和影响行为。载人深空探测在短期任务中，心理学的意义不明显，但对于月球基地、载人火星探测等长期任务而言，心理学却有可能成为影响航天员健康甚至任务成败的关键因素，必须引起重视。在优先发展的技术中长期飞行行为与心理健康就是其中之一，因此心理学应结合载人深空探测任务的特殊性，研究心理学在载人深空探测任务中的应用问题，同时探讨未来载人深空探测任务中的伦理学问题。

七、机械工程

机械工程是一门传统的学科，是一门涉及利用物理定律为机械系统作分析、设计、制造及维修的工程学科。机械工程是以有关自然科学和技术科学为理论基础，结合生产实践中的技术经验，研究和解决在开发、设计、制造、安装、运用和维修各种机械中的全部理论和实际问题的应用学科，包括机械制造及其自动化、机械电子工程、机械设计及理论等二级学科。考虑未来载人深空探测发展的需要，在优先发展的技术领域中提出了大型箭体制造技术的发展要求，必须开展先进制造技术的研究，这是机械工程的一个重要的研究方向，属于机械制造及其自动化学科的研究范畴，同时，机械工程还可以为发动机的设计与制造、核能源与核推进系统的设计与制造、飞行器的设计与制造、机器人的研制等提供重要的理论和工程支撑，是一门发展载人航天技术的基础性学科。对于机械工程学科，应在已有技术基础上，面向载人深空探测需求，研究新的、先进技术方向，以点带面，带动机械工程学科的不断发展。

八、学科交叉科学与技术

交叉学科是指不同学科之间相互交叉、融合、渗透而出现的新兴学科。

随着当前科学技术的不断发展，纯粹单一学科的特征和界限不断模糊，各种学科都在本身学科理论和技术的支持下不断吸收其他学科的理论方法和技术支持，其中机器人技术就是其中典型的代表。未来开展载人深空探测，从无人到有人是一个必然的发展过程，人机联合探测是实现载人深空探测的最基本特征。对于智能机器人与自主控制技术的研究，必须从机械工程、材料科学、电子科学、信息科学、能源技术、计算机技术、控制技术等多方面展开研究，突破机器人在载人深空探测任务中所面临的信息获取、自主规划、机动控制、灵巧操作、能源供给、安全防护等重要问题，同时结合人工智能、神经网络、大数据挖掘等新兴技术的发展。先进的人机交互同样是一门典型的交叉学科，如语音识别技术，需结合声学、语音学、语言学、人工智能、数字信号处理理论、信息理论、模式识别理论、最优化理论、计算机科学等众多学科联合发展。此外，对于地外星体的原位资源利用问题，行星表面推进剂提取技术、消耗品的提取与利用技术等相关技术涉及材料、化学、地质、能源、动力等多个领域的综合问题，同样是典型的交叉学科，因此学科交叉科学与技术不但是载人深空探测所需要重点研究发展的一门学科，也是科学技术发展的一个必然方向，可以说，未来的学科发展正逐渐从单一学科向学科交叉融合的方向不断发展。

第二节　政 策 建 议

我国 2017 年将完成以“嫦娥五号”采样返回任务为代表的月球探测工程第三步任务，2020 年将完成以载人空间站为代表的载人航天工程第三步任务。在各自实施完“三步走”任务之后，开展载人深空探测是我国航天未来发展重要的战略选择。但是与美国、俄国、欧洲等国家和地区的载人深空探测技术相比，当前我国与载人深空探测相关的科学技术研究工作仅呈现出萌芽之势，我国的技术基础及相关研究与国际先进水平相比差距较大，与工程实施相关的基础技术和瓶颈技术尚未得到国家层面的支撑和安排。因此，为推动载人深空探测作为一门新兴学科健康发展，建议上级部门给予以下关注。

一、制定长远发展战略，加强学科顶层规划

2020 年前后，载人航天工程与月球探测工程“三步走”战略都将实施完毕，建议国家尽快制定载人深空探测领域的顶层长远规划。在此基础上加强航空宇航科学与技术、航天医学、动力工程与工程热物理、材料科学与工程、生物学、心理学、机械工程及学科交叉科学与技术等学科的顶层发展规划，着力引导开展载人航天与深空探测领域的基础性技术研究，鼓励不同学科间的交叉与渗透、鼓励新兴学科和前沿学科的突破创新。

二、通过无人验证有人，逐步铺垫降低风险

通过无人深空探测任务及飞行演示验证试验逐步提高载人深空探测技术的成熟度，降低任务风险，提高载人任务的安全性和可靠性。载人深空探测任务必须高度重视人员的安全性和可靠性问题。无人深空探测任务可以作为载人深空探测任务的先导工程，以月球探测任务为例，通过安排系列无人月球探测任务，可为载人登月和月球基地任务着陆点的选择、月球科学仪器的设置、月球基地的构建和建造等进行先期的技术验证；也可通过搭载生物舱，验证动物、植物深空生存等与乘员相关的空间生命科学技术；还可通过实施有人状态的无人飞行演示验证试验来逐步验证载人深空探测的关键技术，提高技术成熟度，降低任务风险，提高人员的安全性和可靠性，为最终顺利实施载人月球、小行星乃至火星探测任务奠定基础。

三、利用近地空间平台，验证深空人因技术

以近地轨道空间站为平台，验证与人有关的空间生命科学项目。在目前我国现有的能力和条件下，可以我国 2020 年前后即将建成的近地轨道空间站为平台，验证载人深空探测任务所需的与空间生命科学领域相关的关键技术。例如，生物式再生生保技术、航天员居住舱环境实验、长期飞行任务中航天员的食物/运动/健康监测/绩效管理、长期限制和隔离环境对航天员心理的影响等，充分利用我国近地轨道空间站平台，验证载人深空探测所需的科学和工程技术，为后续顺利实施我国载人深空探测任务奠定基础。

四、实施能力提升工程，突破瓶颈核心技术

实施载人深空探测基础能力提升工程，重点突破空间科学和航天工程基础瓶颈技术，有效引领中国科技前沿和提升中国航天实力。实施空间生命科学和航天医学等空间科学先导计划，重点解决空间重力生物学、空间辐射生物学、空间生命生态支持系统的基础生物学、长期飞行生理医学、长期飞行行为与心理健康等基础科学问题。

实施航天先进动力与能源专项工程，重点解决大推力重型火箭发动机技术、深度高变比的变推力发动机技术、低温推进剂长期在轨蒸发量控制技术、燃料电池技术、核能源技术、核推进技术等瓶颈技术，奠定载人深空探测的动力与能源基础。

实施先进智能材料与结构等重大研发计划，解决载人深空探测核心材料与结构问题，依托“中国 2025 先进制造”计划，解决大型箭体直径制造等关键问题，奠定载人深空航天器和重型运载火箭的技术基础。

实施“开天”原位资源利用计划，重点解决如何在行星表面进行推进剂获取与制备、消耗品的提取与利用等问题，可显著降低载人深空探测任务中飞行器的系统规模和技术难度。

实施“智能探测机器人”计划，重点突破智能机器人与自主控制技术、先进人机交互技术，将民用智能机器人先进技术引入到深空探测领域，充分发挥出人机协同作业的优势，达到深度开发利用地外天体资源的战略目标。

五、加强原始技术创新，培育国际视野人才

加强国家重大研发计划支持，加强原始性技术创新，鼓励国际合作，培养具有国际视野和科学精神的创新型人才，加大载人深空探测领域的科学传播力度。通过国家重大研发计划给予支持，从国家层面重点对优先发展的基础技术和瓶颈技术给予支持，加强基础研究力度，鼓励科研院所、高校等不同领域的专家和学者开展原始性创新。在高等院校科学布局有关学科，培养相关专业人才。将远期工程目标与推动技术创新发展有机结合，并设立长效机制。鼓励载人深空探测领域的国际合作，建立国际合作的优惠政策，为国内研究人员多提供参加国际交流与合作的机会。着力培养具有历史使命感和社会责任心，富有国际视野、科学精神、创新精神和实践能力的优秀人

才。同时积极开展科学传播活动，激发公众对太空探索的向往，让载人深空探测的基本科学常识深入人心，保障我国科学技术的稳步发展。

六、主动谋划太空法律，掌握制胜深空先机

积极参与，掌握制定太空法律主动权。国际上虽然制定了相关的空间法律，但均以指导性政策为主，缺乏执行监督手段。载人深空探测处在初期阶段，对于地外天体的开发、利用等问题还没有形成有效的国际法律或公约。随着载人深空探测技术的不断成熟和发展，必将有更多国家加入，因此在当下“先到达者先得利”的国际形势下，我国应该通过无人与载人深空探测相结合的发展途径有效地推动我国太空探索项目的稳步实施，以先驱者的身份积极参与并指导制定太空相关法律，掌控太空法律制定的主动权和话语权。

结　语

我国 2017 年前后将完成以 CE-5 号采样返回任务为代表的月球探测工程第三步任务，2020 年前后将完成以载人空间站为代表的载人航天工程第三步任务。在各自实施完三步走任务之后，开展近期以月球为目标、远期以火星为探测目标的载人深空探测工程是我国航天未来发展重要的战略选择，人类走向深空亦是人类文明和科技发展史的必然。

美国在 20 世纪 60 年代已经实施了伟大的“阿波罗”载人登月工程，目前确立了载人登陆火星的战略目标，力争在 2035 年前后实现人类首次登陆火星的战略目标。虽然近年来我国的航天技术取得了举世瞩目的成就，但是在载人深空探测领域，与国外相比已经落后了半个世纪。如果不瞄准世界前沿，下大力气追赶，以有限次数的工程项目实现技术和能力的跨越发展，我们只能越来越落后，差距越来越大。因此尽快开展载人深空探测学科建设十分必要，这是航天事业发展中的一项长期性、战略性的任务，需要一流的学科建设，培养一流的学科人才，产生高水平的研究成果，才能确保我国在载人深空探测领域尽快迎头赶上。

本书以实现载人深空探测科学和工程技术的需求为基础，尽量跟踪先进技术的发展，但是如太赫兹技术、石墨烯技术、超材料、量子信息、微纳系统、增强现实等一批新技术在载人深空探测中如何应用还未有定论。在科学技术高速发展的年代，本书只能代表今天的认识，未能穷尽后续的新技术发展方向和应用，本书规划的优先发展的学科和研究方向也有局限性，敬请读者批评指正！

未来中国航天必将向着更深更远的深空进行持续探索，但愿这份学科战略研究报告能够经得起未来实践检验、同行检验和历史检验！

参考文献

白延强，刘朝霞. 2011. 长期载人航天飞行医学保障面临的挑战. 空军医学杂志，27（1）：12-23.

白延强，王爱华. 2009. 航天心理学与精神病学. 北京：中国宇航出版社.

白延强，吴大蔚. 2008. 长期载人航天中的医学挑战与对策. 航天医学与医学工程，21（3）：210-214.

蔡善钰，何舜尧. 2004. 空间放射性同位素电池发展回顾和新世纪应用前景. 核科学与工程，24：2

陈金盾，刘伟波，姜国华，等. 2010. 载人登月的航天医学工程问题. 载人航天，16（3）：44-51.

国家自然科学基金委员会，中国科学院. 2012. 未来 10 年中国学科发展战略-材料科学. 北京：科学出版社.

国家自然科学基金委员会，中国科学院. 2012. 未来 10 年中国学科发展战略-空间科学. 北京：科学出版社.

国家自然科学基金委员会，中国科学院. 2012. 未来 10 年中国学科发展战略-天文学. 北京：科学出版社.

果琳丽，谷良贤，蒋先旺，等. 2009. 未来 30 年航天运载技术的发展预测. 航空制造技术，18：26-31.

果琳丽，谷良贤，田林，等. 2013. 载人月面着陆器动力下降段自适应姿态控制. 哈尔滨工业大学学报，（5）：119-123.

果琳丽，李志杰，齐玢，等. 2014. 一种综合式载人月球基地总体方案及建造规划设想. 航天返回与遥感，12：1-10.

果琳丽，申麟，杨勇，等. 2006. 中国航天运输系统未来发展战略的思考. 导弹与航天运载技术，（1）：1-5.

果琳丽，王平，梁鲁，等. 2013. 载人月面着陆及起飞技术初步研究. 航天返回及遥感，

（8）：10-16.
果琳丽，王平，朱恩涌，等. 2013. 载人月球基地工程. 北京：中国宇航出版社.
果琳丽，张莪，高朝辉，等. 2008. 21世纪国际载人航天技术发展新动向及启示. 航空制造技术，（21）：26-29.
果琳丽，张志贤，张泽旭，等. 2016. 脑机接口技术在载人航天任务中的应用研究. 国际太空，6:35-40.
侯欣宾，王立，朱耀平，等. 2009. 国际空间太阳能电站发展现状. 太阳能学报，30（10）：1443-1448.
李君海，果琳丽，梁鲁，等. 2015. 基于仿真的月面着陆器上升级推进系统动态特性研究. 载人航天，1：25-31.
李志杰，果琳丽，董素君，等. 2013. 陶瓷瓦热防护结构瞬态热响应非耦合计算方法. 南京航空航天大学学报，10：641-646.
李志杰，果琳丽. 2005. 载人航天器舱内流场与温度场松耦合计算方法研究. 航天返回与遥感，（4）：9-17.
刘红，Gitelzon I I，胡恩柱，等. 2009. 生物再生生命保障系统理论与技术. 北京：科学出版社.
欧阳自远，李春来，邹永廖，等. 2003. 深空探测进展与开展我国深空探测的思考. 国际太空，2：2-6.
彭坤，李民，果琳丽，等. 2014. 近地轨道航天器快速交会技术分析. 航天器工程，（10）：92-102.
齐玢，果琳丽，张志贤，等. 2016. 载人深空探测任务航天医学工程问题研究. 航天器环境工程，2:20-25.
万玉民，李莹辉，白延强，等. 2011. 国外航天医学研究的回顾与启示. 载人航天，17（5）：7-13.
吴季等. 2016. 2016～2030年空间科学规划研究报告. 北京：科学出版社.
叶培建，邓湘金，彭兢. 2008. 国外深空探测态势特点与启示（上）. 航天器环境工程，25（5）：401-415.
叶培建，果琳丽，张志贤，等. 2016. 有人参与深空探测任务面临的风险和技术挑战. 载人航天，2:143-149.
张熇，楮桂柏. 2007. 月球探测器技术. 北京：中国科学技术出版社.
张志贤，果琳丽，戚发轫. 2014. 月面人机联合探测概念研究. 载人航天，9：432-442.
中国科学院. 2015. 中国学科发展战略-航天运输系统. 北京：科学出版社.
中国科学院技术科学部《空间科学发展战略》研究组. 2014. 学科发展战略研究报告-空

间科学发展战略研究报告集.

庄逢甘，李明，王立，等. 2008. 未来航天与新能源的战略结合一空间太阳能电站. 中国航天，7：36-39.

Bauman S，Lewicki D. 2010. Refined gearbox design for the chariot lunar rover. Proceedings of the 40th Aerospace Mechanisms Symposium，NASA Kennedy Space Center. May 12-14，2010.

Benaroya H，Bernold L. 2008. Engineering of lunar bases. Acta Astronautica，（62）：277-299.

Benaroya H. 2002. An overview of lunar base structure：past and future. AIAA Space Architecture Symposium，Houston：10，11.

Benton M G，Caplin Sr G，Reiley K，et al. 2008. Boeing design trades in support of the NASA Altair lunar lander concept definition. AIAA SPACE 2008 Conference & Exposition 9-11 September 2008，San Diego，California.

Benton Sr M G，Donahue B，Caplin G，et al. 2009. Configuration Options to Maximize Lunar Surface Reuse of Altair Lander Structure and Systems. AIAA SPACE 2009 Conference & Exposition 14-17 September 2009，Pasadena，California.

Benton Sr M G. 2010. Conceptual Design of Crew Exploration Lander for Asteroid Ceres and Saturn Moons Rhea and Iapetus. 48th AIAA Aerospace Sciences Meeting Including the New Horizons Forum and Aerospace Exposition 4-7 January 2010，Orlando，Florida.

Benton Sr M G. 2012. Conceptual Space Vehicle Architecture for Human Exploration of Mars，with Artificial Gravity and Mini-Magnetosphere Crew Radiation Shield. AIAA SPACE 2012 Conference & Exposition 11-13 September 2012，Pasadena，California.

Birckenstaedt B M，Hopkins J，Kutter B F，et al. 2006. Lunar lander configurations incorporating accessibility，mobility，and centaur cryogenic propulsion experience. AIAA2006 19-21 September 2006，San Jose，California.

Bodkin D K，Escalera P，Bocam K J. 2006. A human lunar surface base and infrastructure solution. AIAA 2006-7336.

Cohen M M，Arch D. 2003. Mobile Lunar and Planetary Bases. AIAA 2003-6280. 23-25 .September 2003，Long Beach，California.

Cremers C J，Birkebak R C，White J E. 1971. Lunar Surface Temperatures at Tranquillity Base. Aiaa Journal，9（10）：1899-1903.

David J. 2009. Bents Lunar Regenerative Fuel Cell（RFC）Reliability Testing for Assured Mission Success. NASA/TM—2009-215502.

Fong T，Bualat M，Deans M C，et al. 2010. Robotic follow-up for human exploration. AIAA

SPACE 2010 Conference & Exposition 30 August-2 September 2010，Anaheim，California.

Gabriel G，De L T，Berna van B，et al. 2012. Future perspectives on space psychology：recommendations on psychosocial and neurobehavioural aspects of human spaceflight. Acta Astronautica，81（2）：587-599.

Heiken G H，Vaniman D T，Frend B M. 1991. Lunar sourcebook-a user's guide to the moon. Cambridge University Press.

Hodges C A，Wilhelms D E. 1978. Formation of lunar basin rings. Icarus，34（2）：294-323.

Howe A S，Wilcox B，McQuin C，et al. 2013. Faxing structures to the moon：freeform additive construction system（FACS）. AIAA SPACE 2013 Conference and Exposition September 10-12，2013，San Diego，CA.

Kennedy K. 2015. Habitat configuration evaluation criteria for moon/mars// SPACE 94 Conference on Engineering，Constrction，and Operations in Space，American Society of Civil Engineers，New York，2：979-987.

Lattenmayer C. 2001. Preliminary evaluation of growth kinetics with ammonium as nitrogen source in the photoautorophic compartment of MELiSSA，ESA/EWP-2127.

Litaker H，Thompson S，Howard R. 2009. A Comparison of the Unpressurized Rover and Small Pressurized Rover During a Desert Field Evaluation. Human Factors & Ergonomics Society Annual Meeting Proceedings，53（18）：1442-1446.

Lyndon B. 1975. Apollo Program Summary Report.

Manzey D，Carpenter F，Beven G，et al. 2007. Private psychological conferences for long duration space missions. Paper presented to the 16th Human in Space Symposium，Beijing，China.

Mohanty S，Imhof B，Van Susante P J. 2003. European lunar base concepts. SAETechnical Paper Serise.

Moore G，Paruleski K L，Huebnermoths J，et al. 2015. Lunar base requirements for human habitability//SPACE 92 –Conference on Engineering，Construction，and Operations in Space，American Society of Civil Engineers，New York，1：224-239.

Nitta K，Gtsubo K. 2001. Integration test project of CEEF-a test bed for closed ecological life support systems. Advances in Space Research，26（2）：335-338.

Rehnmark F，Ambrose R O，Goza S M，et al. 2005. Centaur：a mobile dexterous humanoid for surface operations. Proc. Spie.

Sunspiral V，Wheeler D W，Chavez-Clemente D，et al. 2012. Development and field testing of the foot fall planning system for the ATHLETE robots. Journal of Field Robotics，29（3）：483-502.

Toups L，Kennedy K J. 2008. Constellation architecture team-lunar lunar habitat concepts. AIAA Space 2008 Conference，Sept 9-11，San Diego，Cal.

Turso J. 2005. Instrumentation and Control Needs for Reliable Operation of Lunar Base Surface Nuclear Power Systems. NASA/TM-2005-213839.

Vico L，Collet P，Guignandon A，et al. 2000. Effects of long-term microgravity exposure on cancellous and cortical weight-bearing bones of cosmonauts. The Lancet，355（9215）：1607-1611.

Walker S，Alexander R. 1993. The impact of the lunar thermal environment on the design of telescopes for lunar surface operation. Journal of Applied Biomechanics，30（2）：348-352.

West J B. 2000. Historical perspectives：physiology in microgravity. Appl Physiol，89：379-384.

Zakrajsek J J，McKissock D B，Woytach J M，et al. 2005. Exploration rover concepts and development challenges. AIAA-2005-2525. 3.

关键词索引

L

N

Q

R

S